AF610157

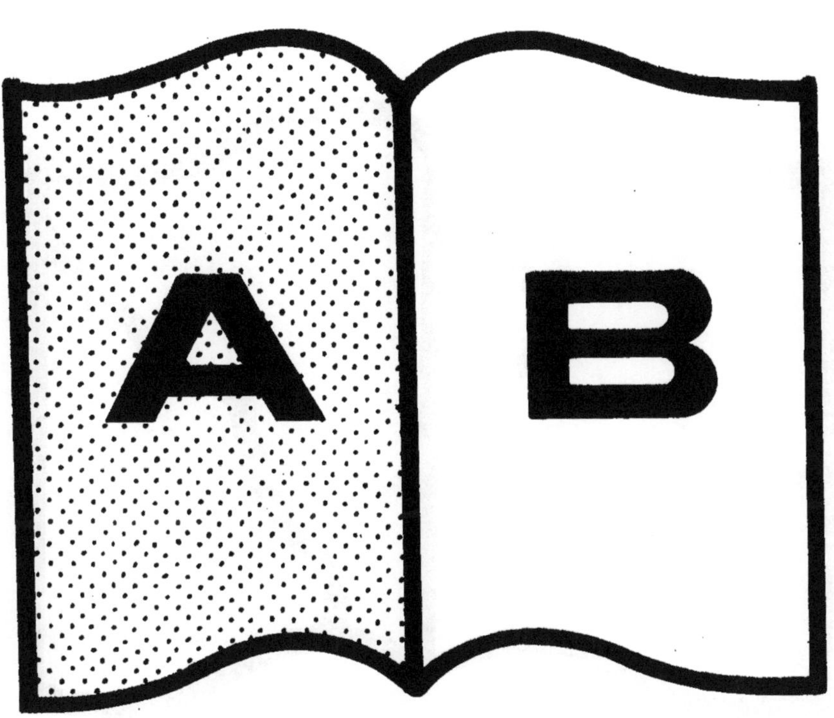
A
B

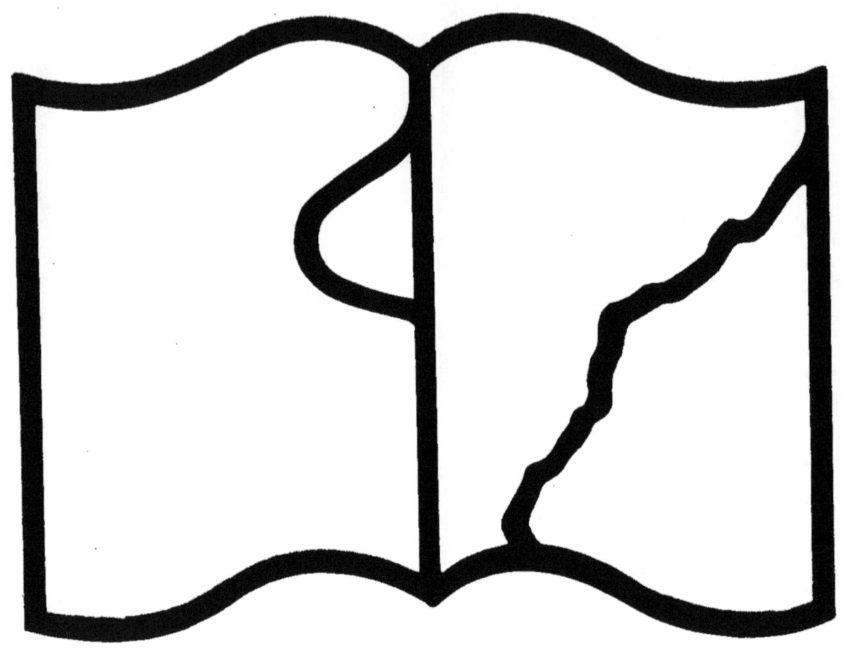

Texte détérioré — reliure défectueuse

NF Z 43-120-11

RECHERCHES EXPÉRIMENTALES

SUR LES MACHINES A VAPEUR.

PREMIÈRE PARTIE :

MACHINE A VAPEUR SURCHAUFFÉE DE M. HIRN.

Rapport présenté par M. G. Leloutre à la
Société industrielle de

MULHOUSE.

EXTRAIT DES BULLETINS

DE

LA SOCIÉTÉ INDUSTRIELLE

DE MULHOUSE.

RECHERCHES EXPÉRIMENTALES SUR LES MACHINES A VAPEUR.

1re PARTIE.

Machine à vapeur surchauffée de M. Hirn.

RAPPORT

présenté par M. G. Leloutre, *sur les expériences entreprises au Logelbach, avec le concours du comité de mécanique. — Séance du 28 Novembre 1866* *.

Messieurs,

Le comité de mécanique a bien voulu me charger de la direction des essais de la machine à vapeur surchauffée de MM. Haussmann, Jordan, Hirn et Cie, au Logelbach; j'ai l'honneur de vous rendre compte des opérations longues et pénibles qu'ils ont exigées.

Dans plusieurs de vos *Bulletins* M. Hirn vous a entretenu de l'avantage que présente l'emploi de la vapeur surchauffée, au point de vue de la théorie, et après avoir appliqué la surchauffe à quel-

* La plus grande partie de ce travail a été communiquée au comité de mécanique dans la séance du 29 Août 1865.

ques machines, il vous a priés de procéder à des expériences pour constater les résultats pratiques qu'il a obtenus.

Il y a longtemps que cette question occupe votre comité de mécanique, et vers la fin de 1862, je me suis déjà rendu au Logelbach pour entreprendre ces expériences qui n'ont pu être faites alors pour différentes raisons.

Il y a deux ans, M. Hirn vous a annoncé que l'une de ses machines consomme par cheval et par heure 1k,140 de houille de Ronchamp, à 12 % de résidus, et que sa chaudière évapore 7k,400 d'eau par kilogramme de houille brûlée; ces résultats favorables, vu la nature du combustible, ont attiré vivement votre attention. M. Hirn vous a exprimé le vœu que lorsque l'expérimentation sera terminée sur la machine du Logelbach, on la fasse dans les mêmes conditions sur d'autres machines à vapeur des systèmes les plus répandus en Alsace.

M. Hirn ne s'est pas seulement placé au point de vue *absolu* de la quantité de houille brûlée par cheval et par heure, mais il lui importait d'arriver à une comparaison avec les machines que le comité de mécanique jugerait les meilleures, pourvu qu'elles emploient la vapeur saturée.

Le comité est entré dans cette manière de voir, sans se dissimuler les difficultés d'une pareille entreprise, mais il espérait qu'un travail aussi étendu, poursuivi avec ardeur, conduirait à des résultats généraux dignes de fixer votre attention, et qu'il présenterait des études intéressantes, capables d'élucider certains points de la construction et de la conduite des moteurs à vapeur.

Le concours des prix, fondé en 1859 par la Société industrielle, a été pour M. Burnat le point de départ de longues recherches et de travaux remarquables sur la production économique de la vapeur; les essais plus récents que vous avez fait entreprendre prépareront peut-être la solution d'une autre question non moins intéressante, en fournissant quelques indications sur l'emploi le plus avantageux de la vapeur comme force motrice.

Si par des recherches consciencieuses sur des machines de

systèmes différents, ces deux questions si étroitement liées pouvaient être résolues, votre comité aurait rendu un immense service à l'industrie, pour qui la production de la force motrice à bon marché devient de jour en jour plus importante.

§ I. *Méthode d'expérimentation.*

La première et la plus importante des questions qu'il fallait discuter était la méthode d'expérimentation à suivre pour déterminer exactement le travail de la machine et le rendement de la chaudière en eau évaporée par kilogramme de houille brûlée.

Quant au rendement de la chaudière, nous n'avions qu'à nous conformer aux indications renfermées dans un grand nombre de vos *Bulletins*, où toutes les questions relatives aux générateurs sont exposées avec beaucoup de développements. Il suffisait d'ajouter quelques colonnes aux tableaux des observations pour compléter la série des faits concernant la vapeur surchauffée. Mais l'estimation du travail utile, transmis par la machine à vapeur, présentait de sérieuses difficultés, du moment qu'on voulait opérer avec l'exactitude qui a été apportée à tous les essais de chaudières, dont le comité de mécanique s'est occupé dans ces dernières années.

Une expérience au frein d'une journée entière, ou seulement de quelques heures, peut donner avec toute la précision désirable la valeur moyenne du travail moteur; mais lorsqu'il s'agit de se rendre compte de la houille et de l'eau consommées par cheval et par heure, il est nécessaire de faire des observations pendant plusieurs jours, afin d'embrasser toutes les influences qui peuvent profondément modifier les résultats, s'ils ne sont basés que sur des essais de courte durée.

Votre comité de mécanique a donc décidé que les expériences porteraient sur une marche *industrielle* d'une semaine entière, comme celles qui ont été faites précédemment sur une série de chaudières. Mais une expérience au frein de cette durée présente plusieurs inconvénients, dans le cas où il s'agit de machines très-puissantes; car, sans compter les dangers inséparables de ces opérations, on est conduit à de grandes et regrettables dépenses de combustible, si toute la puissance de la machine n'est employée qu'à vaincre les frottements du frein.

La méthode d'expérimentation était donc en quelque sorte tracée d'avance. Elle consiste à faire marcher la machine pendant six jours consécutifs, en appliquant son travail au roulement de l'établissement qu'elle doit conduire, à noter le plus souvent possible toutes les circonstances qui ont de l'influence sur sa marche. Puis, le dimanche qui suit immédiatement la semaine des essais, on replace le moteur dans les conditions des six jours d'observation, on débraie la transmission, et, par une expérience au frein, on détermine le travail de la machine. Il est facile, comme nous le verrons plus tard, d'arriver de plusieurs manières à une valeur très-approchée de la puissance moyenne développée par le moteur pendant les six jours de la semaine.

Nous allons entrer dans quelques détails au sujet des précautions qu'il a fallu prendre pour éviter de grandes variations dans le mouvement, et pour maintenir un régime constant.

Le travail d'une machine à vapeur dépend principalement :

1o De son nombre de tours;

2o De la pression de la vapeur sur le piston;

3o De la contre-pression dans le condenseur;

4o Du degré de la détente.

La contre-pression dans le condenseur varie peu, si la pompe à air est dans un état d'entretien satisfaisant.

Quant à la pression sur le piston, elle peut être maintenue à peu près constante, surtout si on a soin de tenir les robinets et valves d'admission complétement ouverts, et quant au degré de la détente, rien n'est plus facile que de le rendre invariable, s'il ne l'est pas déjà par suite des dispositions de la distribution de vapeur.

Mais le nombre de tours varie non-seulement avec les éléments du travail que nous venons d'énumérer, mais encore avec la résistance qu'oppose l'usine, qui, dans le cas particulier où nous nous trouvions, était une filature; il était indispensable de conserver le nombre de tours le plus constant possible, non-seulement pour avoir une garantie d'exactitude dans nos recherches, mais encore pour permettre un travail régulier dans la filature.

Le grand établissement de MM. Haussmann, Jordan, Hirn et Cie, au Logelbach, était mû, durant la semaine des essais, par deux turbines et deux machines à vapeur produisant ensemble environ 350 chevaux, dont une partie était transportée par une transmission de mouvement par câble métallique, à une distance de 235 mètres pour faire marcher un tissage.

Les deux machines à vapeur, d'environ 100 chevaux chacune, sont alimentées par des chaudières tout-à-fait indépendantes. C'est l'une de ces machines avec son générateur qui a été l'objet de nos observations.

Pour maintenir l'uniformité du mouvement, M. Hirn nous a proposé de faire agir simultanément les quatre moteurs sur les transmissions de l'établissement, de faire travailler la machine que nous devions étudier avec une détente invariable pendant toute la durée des expériences et avec les robinets et valves d'admission ouverts *en plein,* depuis le premier jusqu'au dernier coup de piston, et de remédier aux variations de vitesse qui pourraient provenir du plus ou moins grand nombre de métiers en mouvement par la détente variable de la deuxième machine à vapeur, et au besoin par le régime du cours d'eau qui alimente les turbines, sans s'occuper autrement de ces trois moteurs de secours. De cette manière on est sûr que la machine transmettait constamment le maximum de puissance dont elle était capable avec la détente et les pressions correspondantes dans la chaudière et le condenseur.

Grâce à cette méthode ingénieuse, à une surveillance active de tous les instants et à un ensemble de précautions minutieuses, le nombre de tours moyen par jour n'a varié que de 0,26 par minute, soit de moins de $^1/_{100}$ du nombre de tours moyen de la semaine, comme on le verra par les tableaux qui résument toutes les circonstances de la marche du moteur. D'un autre côté, cette manière d'opérer offre de grandes garanties de précision, tout en simplifiant considérablement les opérations et le calcul des résultats, et de plus elle évite la perte *industrielle* d'une masse de combustible. Elle n'a été approuvée qu'à la suite de discussions intéressantes dans votre comité de mécanique.

Nous ne voulons pas reproduire ici toutes les critiques et les doutes qui pouvaient naître facilement en présence d'une méthode d'expérimentation qui n'avait pas encore été appliquée sur une aussi vaste échelle et dans des circonstances aussi compliquées. Mais on pouvait se demander si l'effet dynamique produit par la machine, pendant l'expérience au frein, était bien réellement celui qu'elle avait développé durant la semaine, lorsqu'elle travaillait de concert avec plusieurs moteurs très-puissants, et si, aux moments où le travail résistant de la filature et du tissage diminuait sensiblement par suite du débrayage d'un certain nombre de métiers, le moteur soumis aux essais ne pouvait pas être *entraîné,* ou si tout au moins il ne bénéficiait pas de toute la diminution momentanée du travail résistant.

L'idée de l'entraînement est inadmissible pour une machine à vapeur de plus de 100 chevaux qui fonctionne constamment sous une pression d'environ 4 $^1/_2$ atmosphères avec les robinets totalement ouverts.

Si la machine pouvait, non pas être entraînée, mais seulement devenir libre par suite de la suppression instantanée du pignon de la transmission, sur lequel la roue dentée du volant exerce l'effort moteur, il se produirait immédiatement, sous l'influence d'une centaine de chevaux disponibles, une énorme accélération dans le mouvement, parce que tout le travail de la vapeur qui agit sur le piston serait employé à vaincre l'inertie des pièces de la machine, déduction faite de celui qui serait nécessaire pour surmonter les frottements, et pour imprimer aux molécules de la vapeur ellesmêmes la vitesse de plus en plus considérable du piston.

Mais en admettant même que les dents du pignon prennent, à

un moment donné, de l'avance sur celles du volant, autant que le jeu entre les dents le permet, à l'instant où le contact entre les engrenages cesserait, l'accélération dont nous venons de parler se ferait sentir, car la vapeur qui afflue *librement* dans le cylindre ne travaillerait pas moins, pour imprimer pendant un temps très-court une vitesse plus grande à tous les organes de la machine, et dès que le contact entre les dents serait rétabli, l'excès de puissance vive acquise serait restituée sous forme de travail, absolument comme cela arrive, par l'intermédiaire du volant, toutes les fois que le mouvement se ralentit dans une machine motrice quelconque.

A notre avis, toutes ces objections tombent devant les considérations suivantes :

Le degré de la détente restant invariable et les robinets étant constamment ouverts, les tiroirs laisseront pénétrer dans le cylindre, à chaque coup de piston, un même volume de vapeur, capable en toute circonstance d'un travail bien déterminé. Ce travail, la vapeur le rendra dans tous les cas, d'une manière ou d'une autre, que ce soit pour vaincre des résistances utiles ou passives, ou bien pour accélérer le mouvement; car il ne faut pas confondre la *puissance absolue* d'un volume de vapeur donné avec celle d'un moteur animé qui règle à son gré l'effort dont il peut disposer, d'après l'intensité et la nature de la résistance qui lui est opposée.

A l'appui des raisonnements qui précèdent, on peut citer un *fait matériel* qui, à lui seul, vaut une réfutation.

Tous les manchons d'embrayage qui réunissent les quatre moteurs ont des griffes ou dents héliçoïdales et, par suite, dès l'instant que l'un d'eux voudrait ralentir son mouvement par rapport à tous les autres, il dégrénerait spontanément, et on comprend qu'au premier *rengrénement*, il se produirait infailliblement un choc épouvantable qui ferait voler en éclats les transmissions, ou s'il se produisait des *claquements* entre les griffes des manchons par suite de simples cessations de contact, on rentrerait dans le cas d'une plus grande vitesse acquise pendant un temps très-court, et alors il y aurait restitution du travail d'inertie.

On pouvait encore craindre que, par suite de la liaison de la machine qui nous occupe, avec les autres moteurs, la force utile transmise à l'établissement fût modifiée, en d'autres mots, qu'une contrariété dans les transmissions qui reliaient les moteurs entre eux, pût diminuer le travail disponible.

De pareilles causes de déperdition de force sont possibles, mais nous ne voyons pas comment elles pourraient infirmer les résultats de nos essais.

Peu importe, au point de vue des expériences, que le travail de la machine à vapeur soit employé à faire tourner les broches de la filature, ou à vaincre des frottements et même des résistances accidentelles, provenant d'un montage vicieux des transmissions; car ce serait encore faire dépendre l'effet d'un moteur inanimé de la nature de l'ouvrage qu'il doit exécuter.

La question importante consiste à remettre le moteur pendant l'essai au frein dans les conditions sous lesquelles il a fonctionné durant la semaine, ce qui ne présente pas de grandes difficultés, et l'*effet dynamique* produit dans ces deux cas restera identiquement le même.

Il ne faut pas oublier que pendant l'expérience au frein, la machine en essai fonctionnait seule, et que les manchons des arbres, qui réunissaient les quatre moteurs pendant les six jours d'essai, étaient débrayés. Le travail que la machine a pu fournir, pour vaincre les frottements et contrariétés des arbres, a passé par le frein au lieu d'être transporté plus loin jusque dans l'usine.

§ II. *Description de la chaudière et de la machine.*

L'appareil évaporatoire se compose de trois parties essentielles:

1o La chaudière proprement dite avec ses trois bouilleurs.

2o L'appareil de surchauffe, qui n'évapore que l'eau entraînée à l'état vésiculaire, et dans lequel la vapeur motrice est dilatée avant son entrée dans le cylindre de la machine.

3o Le réchauffeur de l'eau d'alimentation.

Avant de passer à la description de ces appareils, nous croyons qu'il est nécessaire d'exposer en peu de mots la circulation de la flamme et de la fumée, ainsi que celle de la vapeur avant son entrée dans le cylindre.

1° *Circulation de la fumée, Planche N° 201, figures 1, 2, 3, 4.*

Les produits de la combustion parcourent le carneau inférieur de la chaudière jusqu'à l'extrémité des bouilleurs; arrivés là, ils descendent dans la chambre de la surchauffe, au lieu de s'élever pour circuler autour du corps cylindrique de la chaudière proprement dite. En sortant de la surchauffe, la fumée remonte et fait le tour du générateur, d'abord de l'arrière vers l'avant, puis de l'avant vers l'arrière, enfin elle se répand autour du réchauffeur pour s'échapper après par la cheminée.

Des clapets ou registres convenablement disposés permettent de marcher sans la surchauffe ou sans les réchauffeurs, ou de laisser entrer, dans l'espace occupé par l'appareil surchauffeur, moins de chaleur dans le cas où le feu est trop vif dans le foyer. Si cette circonstance se présente, une certaine portion de la fumée peut être dirigée directement dans les carneaux supérieurs de la chaudière, ou dans les réchauffeurs.

2° *Circulation de la vapeur, Planche N° 202, figures 8 et 9.*

A la sortie du dôme de la chaudière, la vapeur est dirigée dans les tuyaux de la surchauffe, qui forment une longue conduite en fonte de 155 m/m de diamètre intérieur, plusieurs fois repliée sur elle-même, et autour de laquelle circule en sens inverse la fumée débouchant du carneau inférieur. Après avoir parcouru ces tuyaux, qui présentent un développement d'environ 47 mètres, la vapeur traverse encore une conduite de 10 à 12 mètres de longueur, pour se rendre dans les boîtes de distribution du cylindre de la machine, de sorte que, depuis la chaudière jusqu'aux tiroirs, la vapeur fait un trajet de près de 60 mètres.

3° *Chaudière, Planche N° 201, figures 1, 2 et 4.*

Elle se compose d'un corps cylindrique ordinaire, de 1,125

mètre de diamètre extérieur sur 9 mètres de longueur, y compris les extrémités hémisphériques, et de trois bouilleurs de $0^m,400$ de diamètre extérieur et $10^m,70$ de longueur.

Les carneaux supérieurs s'élèvent à $0^m,030$ au-dessus du centre. La valeur approximative de sa surface de chauffe est de $16^{m^2},44$, à quoi il faut ajouter la surface des trois bouilleurs $= 3 \pi d l = 3 \pi 0.400 \times 10.70 = 3 \times 13.45 = 40^{m^2},35$; la chaudière avec ses trois bouilleurs présente donc à l'action de la flamme et de la fumée une surface totale de $16.44 + 40,35 = 56^{m^2},80$ à peu près. Rien dans la chaudière ne mérite une mention spéciale, si ce n'est le foyer ou grille à étages du système de M. Langen de Cologne (Planche 201, figure 1 et Planche 202, figure 10). Cette grille est très-répandue en Allemagne, et a donné de bons résultats dans l'établissement de MM. Haussmann, Jordan, Hirn et Cie, qui en ont fait monter successivement quatre ou cinq depuis quelques années. Elle est au moins aussi fumivore qu'un grand nombre d'appareils qu'on a beaucoup pronés dans ces derniers temps.

4° Appareil de la surchauffe.

Il est installé à la suite du carneau inférieur de la chaudière, et se compose de 16 tuyaux droits en fonte, placés horizontalement sur quatre rangs parallèles, reliés entre eux par des coudes demi-circulaires. La longueur d'un de ces tuyaux est de 2^m, son diamètre intérieur est de $0^m,155$ et son diamètre extérieur de $0^m,190$.

Chacun de ces tuyaux offre une surface de chauffe de $1^{m^2},195$ et chaque coude $0^{m^2},3625$, de sorte que la surface de chauffe est de

$1.195 \times 16 =$	$19^{m^2},10$	pour les 16 tuyaux droits, et de
$0.3625 \times 17 =$	$6.\ 16$	pour les 17 coudes qui les réunissent,
à quoi il faut ajouter	$2.\ 54$	pour deux bouts de tuyaux d'entrée et de sortie dont la longueur totale est d'environ $4^m,25$
soit un total de	$27^{m^2},80$	exposés à l'action de la flamme et de la fumée.

Le poids d'un tuyau droit . . . . = 155 kilogr.
Et celui d'un coude . . . . = 55 »

de sorte que tout l'appareil surchauffeur pèse environ 4,000 kilogr. En admettant 25 francs pour les 100 kgr, on trouve 1,000 francs pour le prix des tuyaux, non compris les assemblages, la pose et le massif en maçonnerie dans lequel ils sont logés.

Tous ces tuyaux reposent par la rangée inférieure sur des supports en fonte, et ne se touchent entre eux que par les quatre points de contact des brides, dont le diamètre est précisément égal à l'entre-axe de deux tuyaux voisins, voir Planche N° 201, figure 1.

Comme il est très-difficile de maintenir étanches les assemblages d'une conduite de vapeur surchauffée, M. Hirn a employé les dispositions suivantes pour obtenir des joints parfaits et durables. Ces joints sont établis comme nous allons l'indiquer.

Dans les abouts des tuyaux, et concentriquement à ceux-ci, sont creusées au *tour* des entailles de section triangulaire d'environ 0,006 de profondeur (Planche N° 201, figure 5). Un anneau en fer doux, dont la section transversale présente un rectangle, est logé dans les entailles correspondantes des tuyaux qu'il s'agit de réunir, et six forts boulons, serrés à refus, écrasent les arêtes vives de l'anneau en fer contre la surface des gorges tournées dans les brides, qui doivent être très-résistantes, pour ne pas éclater sous l'action du serrage violent des boulons. Cet assemblage sans mastic est parfait et présente une grande durée. M. Burnat a pu constater, sur un des réchauffeurs de l'établissement de MM. Dollfus-Mieg et Cie, à Dornach, que ces joints font un excellent service. (Voir le Mémoire inséré dans le *Bulletin de la Société industrielle,* Juillet 1863).

5° *Réchauffeur de l'eau d'alimentation.*

La disposition des réchauffeurs est identique à celle de la surchauffe, mais ils présentent une surface beaucoup plus grande.

Le réchauffeur comprend 36 tuyaux droits et 35 coudes, plus deux bouts de tuyau d'entrée et de sortie qui valent à peu près un 36e coude.

Tous ces tuyaux sont fondus sur les mêmes modèles que ceux de l'appareil surchauffeur. Ils offrent une surface de chauffe totale de

69^{m^2}, et un poids approximatif de 7,600 kilogr., qu'on peut estimer, à raison de 25 fr. les 100 kgr, à 1,900 fr., sans les accessoires.

Nous ne croyons pas devoir entrer dans plus de détails au sujet de la construction de ces appareils. Les dessins des Planches 201 et 202, que nous devons à l'obligeance de M. Hirn, et la légende détaillée qu'il a bien voulu y joindre, rendent compte suffisamment des dispositions très-simples qui ont été adoptées.

En résumé, l'appareil évaporatoire dans lequel nous ne comprendrons pas la surchauffe, offre

$56^{m^2},80$ pour la chaudière et les bouilleurs et
69. 00 pour les réchauffeurs,

soit un total de $125^{m^2},80$.

Les chiffres ci-dessus conduisent aux comparaisons suivantes :

Les réchauffeurs ont une surface égale à une fois et $^1/_4$ celle de la chaudière ; c'est une proportion que l'on rencontre dans beaucoup de générateurs bien établis et donnant de bons résultats.

La surface de l'appareil surchauffeur est la moitié de celle de la chaudière.

6° *Description de la machine.*

La machine à vapeur surchauffée, qui fait l'objet de nos recherches, est une ancienne machine à balancier à deux cylindres du système de Woolf. Les deux cylindres de $0^m,416$ et $0^m,747$ de diamètre ont été enlevés et remplacés par un seul, de $0^m,605$; toutes les autres pièces, à l'exception des organes de la distribution, sont restées intactes.

Il suffira donc de borner notre description à celle du cylindre et des appareils distributeurs (Planche N° 202, figure 11).

Le nouveau cylindre n'a pas d'enveloppe de vapeur, mais il est protégé avec soin contre le refroidissement externe par une enveloppe de douves en bois de chêne de $0^m,05$, et par un revêtement de poils de veau bien bourrés dans l'intervalle de $0^m,03$, laissé libre entre les douves et le cylindre.

Les organes distributeurs sont au nombre de quatre, savoir : Deux tiroirs pour l'admission et deux autres pour l'échappement.

L'aménagement particulier des quatre boîtes à tiroir réduit les espaces nuisibles au minimum, et empêche, dans une certaine mesure, le refroidissement de la vapeur motrice qui n'est pas en contact immédiat avec des surfaces refroidissantes, comme dans les tiroirs ordinaires où la vapeur d'échappement moins chaude passe sous le tiroir, tandis que la vapeur motrice, dont la température est beaucoup plus élevée, passe au-dessus, et perd ainsi une certaine portion de chaleur et de pression.

M. Hirn attache beaucoup d'importance à la disposition qu'il a adoptée. Elle est indispensable aux machines qui emploient la vapeur surchauffée à la température moyenne de 220°. Nous avons pu nous assurer pendant les essais combien il est important de protéger la vapeur contre les refroidissements extérieurs, et nous aurons l'occasion de revenir sur ce sujet dans le cours de notre travail.

La détente variable s'effectue très-brusquement par des excentriques triangulaires commandés par un mouvement différentiel extrêmement curieux. Mais, pendant toute la durée des expériences, le degré de la détente a été maintenu rigoureusement constant. Pour plus de renseignements nous renvoyons au *Bulletin de la Société industrielle*, tome XXVII, page 305, où ce système de détente est décrit. Le cylindre à vapeur n'offre rien de remarquable ; il suffira de renvoyer à la Planche N° 202, figure 11, qui donne tous les détails de construction.

Nous avons éprouvé quelques difficultés à déterminer avec précision le degré de la détente par suite de la forme particulière des orifices ou lumières d'admission. Les ouvertures pentagonales de ces orifices (Planche N° 202, figure 11), peuvent être décomposées en un rectangle $a\,b\,c\,d$ et en un triangle $m\,c\,n$. A partir du moment où le bord extérieur du tiroir arrive en $d\,m\,c$, l'admission continue pendant un temps très-court par la petite surface triangulaire $m\,c\,n$, qui est réduite de plus en plus au fur et à mesure que le tiroir avance; la vapeur s'introduira donc dans le cylindre en subissant une très-forte contraction pendant les derniers instants de l'admission. Des mesures prises directement sur la machine, pendant que les couvercles des boîtes à tiroirs étaient démontés, et les courbes relevées avec l'indicateur de Watt dans le haut et le bas du cylindre, ont conduit à conclure que l'admission a lieu pendant 3 et $^3/_4$ de seizièmes de la course de piston, ce qui donne pour le degré de la détente $f = 0,2344$; ce rapport est nettement accusé par tous les diagrammes de l'appareil de Watt. Il est le même pour les courses ascendantes et descendantes; il est d'ailleurs compris entre les deux limites trouvées par des mesures directes, en supposant que la vapeur soit interceptée au moment où le tiroir arrive par son bord extérieur en dc, puis au point n.

Nous parlerons plus loin des circonstances principales qui se présentent à l'admission et à l'échappement de la vapeur, et nous terminerons ce paragraphe par un tableau des dimensions et principaux éléments de la machine.

Diamètre du cylindre	$d =$	0m,605
Course du piston	$c =$	1, 702
Degré de la détente pendant les essais.	$f =$	0, 2344
Nombre de tours par minute pendant les essais.	$T =$	27, 084
Diamètre de la pompe à air		0m,537
Course		0, 850
Diamètre de la pompe alimentaire		0, 076
Course		0, 378
Pression moyenne dans la chaudière } pendant les essais	$n =$	4atm,489
» » » le condenseur } pendant les essais	$n_c =$	0, 1165

§ III. *Détails des observations.*

Nous allons maintenant entrer dans quelques détails au sujet des nombreuses observations qui rendent compte des conditions de marche de la machine et de l'appareil évaporatoire. Elles ont été relevées de quart-d'heure en quart-d'heure; mais le petit nombre d'observateurs n'a pas permis de constater au même moment toutes les indications des différents appareils et instruments qui servaient à contrôler les faits principaux. C'est ce qui expliquera un certain nombre de contradictions plus apparentes que réelles. Votre rapporteur doit ajouter que, pendant les deux premiers jours, il a dû suffire à enregistrer et à surveiller seul l'ensemble très-compliqué des opérations.

Pendant les essais plus récents sur la machine à vapeur de MM. Wehrlin, Hofer et Cie, la simultanéité des observations a été plus rigoureuse, grâce à plusieurs jeunes ingénieurs dévoués qui se sont présentés spontanément pour suivre ces travaux.

C'est ainsi que tous les quarts-d'heure, à un signal convenu, chacun se rendait au poste qui lui était assigné, et à un second signal, toutes les observations étaient enregistrées au même moment pour être contrôlées quelques minutes après.

Malgré l'insuffisance du personnel dans les premiers jours des essais sur la machine de M. Hirn, les résultats s'accordent cependant d'une manière très-satisfaisante, et les petites différences de 3 à 4 °/o sont justifiées dans bien des cas par des circonstances particulières dont nous rendrons compte en temps et lieu.

Nous examinerons les différentes observations, dans leur ordre d'inscription, sur les grands tableaux qui relatent les conditions principales de la marche des essais.

a) Nombre de tours de la machine.

Les observations relatives au nombre de tours ne présentaient aucune difficulté. Nous nous sommes servis d'un très-bon compteur-enregistreur, commandé directement par une des brides du parallélogramme de Watt. Il convient cependant d'ajouter quelques mots d'explication au sujet des nombres de tours *sous charge* et *à vide*.

A chaque mise en train du matin et du soir, on faisait faire à la machine quelques centaines de tours avant d'établir la liaison avec la transmission de mouvement de l'établissement et les autres moteurs de secours. Pendant ce temps, on purgeait et on chauffait graduellement le cylindre.

A cet effet, on commençait par ouvrir complétement le robinet de vapeur placé sur le dôme de la chaudière, et on n'ouvrait la valve d'admission près du cylindre que de la quantité strictement nécessaire pour imprimer à la machine et au premier arbre moteur la vitesse normale; ce n'est qu'au bout de dix à vingt minutes, qu'à un signal donné, on embrayait la transmission de la filature, et au même moment on ouvrait rapidement la valve d'admission du cylindre pour mettre la machine sous *charge complète.*

On a relevé très-exactement le nombre de tours faits pendant la *marche à vide,* mais nous n'en tenons pas compte dans nos calculs, attendu qu'il est impossible de déterminer avec une approximation suffisante le poids de vapeur dépensé pendant ce temps.

A chaque arrêt, à midi et le soir, on faisait des manœuvres analogues, c'est-à-dire qu'à un signal donné, on débrayait la transmission et on fermait brusquement la valve d'admission à l'entrée du cylindre, et le nombre de tours que faisait encore la machine à vide et par la vitesse acquise était relevé, mais nous n'en tenons pas compte non plus dans les calculs; nous aurons l'occasion de revenir plus tard sur cette partie des observations.

Nous croyons que l'erreur commise sur le nombre de tours de la machine ne s'élève pas à 3 ou 4 unités sur 20,000 tours environ que la machine faisait par jour; sous ce rapport, les nombres inscrits dans les tableaux présentent un grand degré de précision. Mais il faut faire une réserve au sujet du nombre de tours pendant l'essai au frein.

Dans cette circonstance, le compteur a été commandé par un petit excentrique calé sur le premier arbre moteur sur lequel était fixée la poulie du frein; cet arbre est commandé par deux engrenages dont les nombres de dents sont dans le rapport de 11 à 6. Le nombre de révolutions de cet arbre a été enregistré de minute en minute et on a trouvé une moyenne de 50,857; sur le total du nombre de tours qui s'élève à 712, on n'a certainement pas commis une erreur de 1 tour, c'est-à-dire une erreur relative de $^1/_{712}$. Mais cette erreur a pu atteindre une bien plus grande importance pour le nombre de révolutions de minute en minute, car si la fin d'un tour ne correspond pas exactement à la fin d'une minute écoulée, l'observateur le plus habile peut se tromper d'un tiers ou d'un demi-tour, ce qui correspond au moins à $\frac{^1/_2}{50}$ soit $^1/_{100}$, et comme le travail accusé par le frein est proportionnel au nombre de révolutions, il en résultera une erreur d'au moins $^1/_{100}$, soit plus de 1 cheval, parce que le travail moyen constaté est de 109 à 115 chevaux. Cette erreur n'a qu'une influence tout-à-fait insignifiante sur l'ensemble de l'essai au frein; mais elle pourrait conduire à quelques contradictions, si on voulait comparer entre eux les résultats de l'essai de minute en minute.

Pour éviter cet inconvénient dans des essais futurs, votre rapporteur vous a proposé de faire tourner le compteur quatre ou cinq fois plus vite que l'arbre sur lequel est calée la poulie du frein, ce qui permettra d'apprécier de petites fractions de tours.

Mais nous aurons plus loin l'occasion d'appeler votre attention sur d'autres influences qui peuvent modifier, d'une manière assez sensible les résultats d'un essai dynamométrique.

b) Pressions dans la chaudière.

La pression dans la chaudière est un des éléments les plus importants de la série de nos observations, c'est celui qui nous a coûté le plus de travail et qui a nécessité de très-longs calculs.

Pour avoir des termes de comparaison sûrs, il était de toute nécessité d'évaluer les pressions avec beaucoup de précision. Aussi avons-nous immédiatement écarté l'idée de nous servir de manomètres métalliques de n'importe quel système, tout en accordant que ces appareils offrent des avantages incontestables, et donnent des indications suffisamment exactes aux chauffeurs.

On a donc installé un manomètre à air libre et à tube recourbé en *U*, et les indications de cet appareil ont été corrigées en tenant compte des variations de la pression atmosphérique et de la colonne d'eau qui remplit le tube de communication entre l'appareil et la chaudière.

Pour se convaincre de l'existence de cette colonne d'eau, il suffit de démonter un des joints du tuyau, et on verra qu'elle s'étend réellement jusqu'au point le plus élevé. Cette eau provient de la condensation de la vapeur, et on comprend qu'au bout d'un temps très-court, la vapeur condensée suffit pour remplir le petit tuyau qui n'a pas généralement un diamètre de plus de $0^{m},01$.

Il était absolument nécessaire de faire la correction relative à cette colonne d'eau, autrement nous aurions commis une erreur de $^{1}/_{3}$ d'atmosphère environ.

Pour déterminer exactement sa hauteur, il faut connaître le niveau du mercure dans le tube en fer du manomètre, quand le joint qui le relie au tuyau de communication est ouvert ; voici comment nous avons opéré. Le manomètre étant installé, on a débarrassé la petite branche de l'appareil de la colonne d'eau qui surnageait. Un fil de cuivre bien décapé y a été introduit, de manière que son extrémité inférieure plongeât de quelques centimètres dans le mercure; au bout d'un quart-d'heure d'immersion, les traces blanches laissées par le mercure ont permis de mesurer la différence de niveau entre la colonne manométrique et la face supérieure du joint. Un nivellement a donné ensuite la différence de hauteur entre le joint et le point le plus élevé du tuyau de communication. A la somme des deux hauteurs ainsi constatées, vient s'ajouter celle dont le mercure s'élève dans la branche de l'appareil qui s'ouvre à l'air atmosphérique, lorsque la chaudière communique avec le manomètre. On a négligé l'influence de la dilatation du mercure, pour ne pas compliquer inutilement les calculs.

On n'a tenu aucun compte de la graduation en atmosphères gravée sur la planche contre laquelle était fixé l'instrument, et les hauteurs de la colonne de mercure ont été mesurées directement en millimètres.

Ceci posé, on corrige les indications du manomètre de la manière suivante :

Appelons n la pression *absolue* en atmosphères qui existe à un moment donné dans la chaudière, n_a la pression atmosphérique, H la différence de niveau entre le point le plus élevé du tuyau de communication et le mercure, celui-ci étant supposé à la même hauteur dans les deux branches de l'appareil, et h la dépression du mercure dans la petite branche du manomètre, dépression qui est donnée par la course du flotteur de l'appareil. Les conditions d'équilibre sont données par l'équation :

$$n + \frac{(H+h)}{10.330} = \frac{2h}{0.76} + n_a$$

d'où l'on tire :

$$n = \frac{19.90\,h - 0.76\,H}{7.8508} + n_a$$

mais H est une constante et égale à 1m,948 d'après le nivellement dont il a été parlé plus haut. Donc $n = 2{,}5347\,h - 0{,}1885 + n_a$; n_a est la pression atmosphérique que l'on obtiendra en divisant la hauteur barométrique par 0,76; cette hauteur a été relevée deux ou trois fois par jour, et c'est sa valeur moyenne qui a été introduite dans les calculs.

Mais un accident a failli compromettre l'exactitude de cette partie des expériences. Nous croyons qu'il est du devoir de tout observateur consciencieux de rendre compte de toutes les circonstances bonnes ou mauvaises qui se présentent pendant le cours de longues recherches, afin que chacun puisse discuter le degré de confiance que peuvent mériter les résultats auxquels il est arrivé, et d'appeler l'attention des personnes qui voudraient entreprendre des travaux du même genre, sur des détails qui n'échappent que trop facilement dans un ensemble d'observations aussi compliqué que celui que nous étions obligé de surveiller.

Lors de l'installation du manomètre, le flotteur en fer qui plonge dans le mercure a été relié au curseur par un cordon neuf; ce cordon s'est notablement allongé par suite des petites tractions répétées que l'on exerçait pour rendre libre le flotteur, toutes les fois qu'on observait la pression; et fort heureusement on s'en est aperçu dès la première demi-journée.

On a corrigé les indications de l'appareil, en admettant pour moyenne de l'allongement du cordon la moitié de celui qui a été constaté. Pour éviter de nouvelles erreurs du même genre, on a vérifié et réglé la longueur du cordon deux ou trois fois tous les jours, et vers la fin de la semaine nous avons encore eu à constater un allongement de plusieurs millimètres par jour.

c) Contre-pression dans le condenseur.

La contre-pression du condenseur a peu varié pendant les essais, et par suite de la disposition particulière du manomètre indicateur à colonne de mercure, il n'y a pas eu de corrections à faire subir aux résultats des observations.

Nous ne croyons pas que la colonne de mercure des *indicateurs de vide* obéisse assez promptement aux variations de tensions dans le condenseur pour donner des résultats très-précis, et à ce sujet les *courbes* relevées avec un bon appareil de Watt fournissent de meilleurs renseignements. Nous reviendrons plus loin sur cette observation.

La contre-pression du condenseur a été assez élevée en moyenne; cela tenait sans doute à un mauvais état d'entretien du piston de la pompe à air; car à plusieurs mises en marche un échauffement considérable s'était produit dans le condenseur, ce qui obligeait d'arrêter chaque fois la machine pendant quelques minutes. Ces dérangements ne peuvent pas être attribués à la vapeur surchauffée, car à la mise en train et même pendant quelque temps après, la machine travaille avec de la vapeur saturée.

d) Mesure de l'eau évaporée.

Pour déterminer la quantité d'eau évaporée par la chaudière, on a suivi la marche exposée dans le Rapport sur le concours des chaudières de 1859 *(Bulletins* de Février, Mars.... 1860), sauf une correction qui nous a paru indispensable, et dont nous rendrons compte plus loin. Les détails suivants suffiront sans doute à l'intelligence des tableaux qui résument les observations.

Un grand tonneau d'environ 750 litres a été installé au-dessus de la chaudière. On le remplissait avec de l'eau provenant d'un réservoir et non pas avec de l'eau de condensation, ce qui n'a aucune influence sur le rendement du générateur tel que nous le comprenons, et dans tous les essais dont le comité de mécanique s'est occupé jusqu'ici, on a toujours ramené les quantités d'eau évaporée à un volume équivalent ramené à 0°, quant à la température, et à 4°, quant au volume.

De ce tonneau l'eau pouvait s'écouler par un robinet placé au-dessous, dans un autre réservoir d'où la pompe alimentaire l'aspirait pour la fouler dans la chaudière.

Le poids de l'eau remplissant complétement le tonneau a été trouvé = 748 kilogr. par deux pesées différentes, à la température de 24°, ce qui correspond à un volume de 750 litres.

Pour avoir exactement le poids de l'eau évaporée par jour, on ajoutait ou on retranchait de la quantité d'eau injectée, ramenée préalablement à 0°, quant à la température, et à 4°, quant au volume, celle qui répondait à la différence de niveau constatée dans la chaudière d'un jour à l'autre.

Nous avons relevé le niveau de l'eau dans le tube indicateur, le matin et le soir. Mais nous avons préféré prendre pour termes de comparaison les hauteurs constatées le matin avant l'allumage, parce que le soir après l'arrêt l'eau est soumise pendant longtemps à de fortes oscillations qui ne permettent pas de mesurer exactement le niveau.

Dans les expériences relatives au concours des chaudières en 1859, on n'a pas cru devoir tenir compte de la quantité de chaleur que possédait le volume d'eau qui correspond à la différence de niveau dans la chaudière pour deux jours consécutifs. En opérant ainsi on n'a pas commis une erreur sensible, attendu que les différences de niveau étaient très-faibles, et on simplifiait beaucoup les calculs en supposant ces volumes d'eau à la température de l'eau d'alimentation. Mais de fait ces volumes ont la température de l'eau renfermée dans la chaudière. Ce qui nous a engagé à faire quelques calculs plus longs, c'est que, malgré tous les soins apportés à cette partie de nos observations, nous obtenions des différences très-sensibles d'un jour à l'autre pour le rendement de la chaudière. On verra effectivement, par le calcul suivant, que l'erreur que l'on peut commettre s'élève à 2,2 %, et comme elle a lieu dans un sens ou dans l'autre pour deux jours consécutifs, les résultats peuvent être considérablement faussés.

Pour faciliter l'intelligence de ce qui précède, nous donnons ci-après le calcul de la correction relative au niveau d'eau pour la journée du lundi.

Ce jour on a injecté dans la chaudière le volume de dix-sept tonneaux de 750 litres, soit 12.750 litres à la température moyenne de 19°34. Ramenée à 4°, quant au volume, et à 0°, quant à la température, cette quantité d'eau équivaut à 12.427l,6.

Le lundi matin le niveau était à . . . . + 45 m/m
au-dessus du repère ou à 145 au-dessus du centre de la chaudière

Le mardi matin le niveau était à. . . . . + 130 m/m
au-dessus du repère ou à 230 au-dessus du centre de la chaudière.

Différence à retrancher. . . 85 m/m

Cette différence de niveau de 85 m/m répond, d'après un calcul de volume, à 760 litres qui n'ont pas été évaporés, mais qui ont été portés de la température moyenne de l'eau d'alimentation ou 19°,34 à 149° environ.

Ces 760 litres à 149° sont d'abord à ramener à 4°, quant au volume, ce qui donne 695 litres*. La quantité de chaleur néces-

* M. Hirn a fait récemment des expériences très-étendues sur la dilatation de l'eau à des températures supérieures à 100°. D'après les données qu'il a eu l'obligeance de nous communiquer, le volume de l'eau est 1,094 à 152°, tandis qu'il est de 1,043 à 100°, et seulement de 1,00158 à 10°, comme Despretz l'a montré.

saire pour porter de 0 à t° 1 kgr d'eau est, d'après M. Regnault:

$q = t + 0{,}00002\, t^2 + 0{,}0000003\, t^3$

En posant $t = 149^{\circ}$ et $t = 19^{\circ}{,}34$, on trouve :

$q = 150$ et $q = 19{,}4$

d'où il résulte :

$695\,(150 - 19{,}4) = 90.809$ calories environ, pour la quantité de chaleur gagnée par nos 695 litres.

Ces 90.809 calories sont capables de produire l'évaporation d'un nombre x de kgr d'eau donné par la relation :

$x\,(606{,}5 + 0{,}305.\ 150 - 4) = 90.809$

d'où $x = 140{,}5$ kgr.

Donc le combustible a fourni une somme de chaleur nécessaire à l'évaporation de :

$12.427{,}6 - 695 + 140{,}5 = 11.873$, kgr. d'eau

à 0°, quant à la température, et à 4°, quant au volume.

En supposant au contraire le volume d'eau qui correspond à la différence de niveau de la chaudière du lundi au mardi à la température de l'eau d'alimentation, on trouverait 11.614,8; la différence entre ces deux nombres égale 258,3 soit $\frac{258{,}3}{11.614{,}8} = 2{,}22$ % en plus, et comme le mardi la différence s'élève environ à 2 % en moins, on voit que l'erreur pourrait atteindre 4 % en ne prenant pas les précautions que nous venons d'indiquer.

Les chiffres ainsi obtenus donnent la mesure exacte du rendement de la chaudière; nous les avons aussi admis pour déterminer les quantités d'eau consommées par cheval et par heure. On aurait dû, à la rigueur, ne tenir compte que de la quantité d'eau qui est sortie, jour par jour, de la chaudière; en opérant ainsi, on trouverait un accord bien plus satisfaisant entre les consommations d'eau par cheval et par heure.

e) Houille brûlée.

La houille provenait du puits Saint-Joseph de Ronchamp. Elle était d'une meilleure qualité que celle qui a été employée pendant le concours des chaudières de 1859, à en juger par la quantité proportionnelle de résidus en cendres et scories, dont la moyenne n'était que de 13 $^1/_3$ %, à moins que cette diminution des résidus ne provienne de la grille spéciale à étages ou d'une conduite plus intelligente du foyer. Les soins apportés par le chauffeur peuvent avoir pour effet de brûler plus complétement les menues parties du combustible.

Pour l'intelligence des tableaux qui rendent compte de la marche des essais, nous devons ajouter quelques mots d'explication.

La grille à gradins de M. Langen ne permet pas de brûler complétement le coke comme on le fait à la fin de la journée sur les grilles ordinaires. On enlevait tous les soirs le coke mélangé aux cendres et scories, et après la pesée on faisait trier ces restes. Le jour suivant on rendait le coke au chauffeur qui le mêlait à la houille. On a ramené le coke à une partie équivalente de houille fraîche, en admettant que 100 kil. de coke valent 80 kil. de houille, d'après les indications de plusieurs auteurs.

Cette réduction n'est sans doute pas bien justifiée, mais nous ajouterons qu'elle a peu d'influence sur la quantité de houille réellement brûlée par jour et beaucoup moins encore sur celle qui a été consommée pendant toute la semaine des essais; car, supposons que le coefficient de réduction soit faux, l'erreur qui en résulte ne portera que sur la différence entre les nombres de kilogr. de coke qui sont restés à la fin de deux jours consécutifs, et pour la semaine entière l'erreur ne peut provenir que de la différence correspondante entre le lundi et le samedi; comme ces différences sont généralement peu élevées, on en concluera qu'une erreur dans le coëfficient de réduction 0.80 que nous avons adopté, a peu d'influence sur le résultat final.

Le triage du coke a conduit à un certain inconvénient. Nous tenions absolument à ne pas remettre au lendemain la pesée des résidus; car le matin avant la mise en train il y avait à prendre de nombreuses dispositions pour faciliter les observations de la journée.

Pour retirer les cendres et scories, il était indispensable de démonter une grande partie de la grille qu'on ne pouvait plus remonter, et comme la devanture de la chaudière n'avait pas de portes, il en résultait que le foyer restait entièrement ouvert; les bouilleurs et la maçonnerie du foyer étaient ainsi directement exposés à l'air pendant toute la nuit; en même temps la chaleur contenue dans 300 kilogr. de résidus environ était perdue. Le rendement de la chaudière a dû nécessairement en souffrir.

f) Températures de l'eau, de la fumée et de la vapeur surchauffée.

Quelques mots suffiront pour donner une idée de la manière dont cette partie des observations a été faite.

Pour déterminer de hautes températures comme celle de la fumée à l'entrée de la surchauffe, on a employé la *méthode des mélanges* qui consiste à laisser séjourner pendant une demi-heure environ un morceau de fer de 2 à 3 kilogr. dans le courant de la fumée, et à plonger ce morceau de fer dans un poids connu d'eau à une température donnée; la chaleur gagnée par l'eau conduit, par un calcul très-simple, à la température du milieu dans lequel le fer a séjourné.

Des pyromètres, dont le principe est fondé sur la dilatation inégale de deux métaux différents, n'ont pas toujours été parfaitement d'accord avec les résultats indiqués par des thermomètres que nous avons employés pour trouver la température de la fumée à l'entrée des réchauffeurs. Le procédé qui nous a paru le plus pratique et le plus sûr consiste à suspendre dans les carneaux un petit vase en fer ou en cuivre rempli d'huile. On retire promptement ce réservoir d'huile, on l'entoure à la sortie de corps mauvais conducteurs, et on y plonge avec précaution un thermomètre.

Pour obtenir les températures de l'eau à la sortie des réchauffeurs et celle de la vapeur après la surchauffe et à l'entrée du cylindre, on a pratiqué dans les tuyaux de petites *poches* ou tubes en cuivre remplis d'huile, dans lesquelles on laissait séjourner des thermomètres entourés soigneusement de déchet de coton.

Ajoutons encore que toutes les observations sur les températures ont été ramenées aux indications d'un thermomètre-type, auquel on a comparé tous les instruments qui ont servi pendant les essais.

Tel est l'ensemble des observations.

Permettez-moi, Messieurs, d'ajouter quelques mots.

J'ai toujours cru que la place d'un observateur est dans son laboratoire ; pour cette fois le mien se trouvait dans le local d'une chaudière à vapeur ; je ne l'ai pas quitté, pendant huit jours, depuis trois heures du matin jusqu'à huit heures du soir. Je n'ai pas voulu laisser complétement à d'autres le soin et la peine de relever les observations, car la fatigue et la monotonie de pareils travaux sont faites pour paralyser la volonté la plus ferme et l'énergie la mieux trempée. Je serai amplement récompensé de mes peines, si on veut bien reconnaître que je n'ai reculé devant aucune considération pour découvrir par moi-même la vérité.

Je saisis cette occasion pour exprimer à M. Hirn ma vive gratitude pour les bons conseils qu'il nous a donnés dans la direction des expériences. Je lui sais gré du concours qu'il nous a prêté quand nous le lui demandions, et de l'entière indépendance d'action qu'il nous a laissée dans nos travaux.

En même temps nous remercions vivement toutes les personnes qui ont bien voulu nous assister, et particulièrement M. W. Grosseteste, ingénieur de la maison Dollfus-Mieg et Cie, que vous avez appelé depuis au sein de votre comité de mécanique, et M. Ernest Marchal, de Rothau, qui a apporté à ces travaux un dévouement intelligent et une énergie digne des plus grands éloges.

§ IV. *Essai au frein.*

Le dimanche, 18 Septembre, on a procédé à l'essai au frein en présence et avec le concours d'un grand nombre d'ingénieurs et de membres du comité de mécanique.

La poulie du frein a été calée sur le premier arbre moteur. Cet arbre en fonte a une portée de 5 à 6 mètres entre les coussinets; son diamètre paraît être un minimum pour un travail de plus de

100 chevaux qu'il est chargé de transmettre, de sorte qu'une expérience faite dans ces conditions présentait des dangers et pouvait donner lieu à des accidents extrêmement graves. C'est ce qui explique pourquoi, sur l'avis de tous les ingénieurs présents, les les opérations définitives ou *officielles* ont été arrêtées au bout d'un quart-d'heure, pendant lequel le mouvement de la machine est resté à peu près uniforme; c'est la condition essentielle pour obtenir des résultats exacts. Les vérifications faites sur cet essai, et notamment celles que nous avons entreprises plus récemment sur une expérience semblable relative à la machine à vapeur de MM. Wehrlin, Hofer et Cie, à Mulhouse, permettent d'affirmer que le frein de Prony donne la valeur du travail transmis par un moteur avec une approximation moindre que $^1/_{100}$, et en cela nous croyons être d'accord avec des ingénieurs expérimentés dans ces sortes de recherches *.

Avant de passer à la détermination de la puissance de la ma-

---

* Une circonstance fâcheuse et qui n'a pas été remarquée pendant l'essai préparatoire, a failli faire perdre le fruit des expériences de la semaine entière.

M. Hirn avait annoncé, d'après ses propres recherches antérieures, que la machine fournissait un travail utile de 110 chevaux environ. Aux premiers moments nous en avons constaté seulement 75 à 80 et en même temps les courbes, relevées avec l'indicateur de Watt, ont donné *à priori* des résultats plus faibles que ceux que l'on a obtenus les jours précédents. On croyait d'abord qu'un ajustement important de la machine avait grippé et chauffé, lorsqu'on s'est aperçu que le robinet placé sur le dôme de la chaudière n'avait pas été ouvert entièrement.

Comme on avait commencé par faire tourner la machine à *vide* ou sous des charges très-faibles du frein, le chauffeur n'a pas cru devoir ouvrir complétement le robinet de la chaudière, et au moment où on voulait mettre la machine sous charge complète, il avait perdu de vue cette circonstance. Cet oubli étant réparé, on a commencé quelques minutes après l'essai définitif dont il est rendu compte dans le dernier tableau joint à ce travail. Nous tenons à répéter de nouveau à cette occasion, que pendant toute la semaine nous avons vérifié plusieurs fois par jour si les différents robinets étaient ouverts au maximum.

chine, il convient d'entrer dans quelques détails au sujet de la pesée du frein.

Au lieu de chercher le centre de gravité de l'ensemble du frein et de son plateau, et de déterminer par un calcul l'effet que produit son poids à l'extrémité du rayon, on a préféré se rendre compte de l'influence de ce poids de la manière suivante :

Le frein complet avec son plateau et les cordes qui le soutiennent a été placé sur une barre de fer ronde, reposant par ses extrémités sur deux appuis de niveau. L'extrémité du levier pressait sur une perche dressée debout sur une bascule; la ligne d'appui sur la barre ronde et l'axe géométrique de la poulie se trouvaient dans un même plan vertical. On a constaté ainsi 79k,125 pour le poids du frein rapporté à l'extrémité du rayon. Mais comme tout l'appareil a été fortement mouillé avant et pendant l'essai, on a repris la pesée, et on a trouvé en définitive 79k,750.

Le rayon du frein = 6m,006. La formule du travail accusé par le frein est :

$$Chx = \frac{(p+p')V}{75} = \frac{PV}{75}$$

dans laquelle *Chx*, désigne le nombre de chevaux, *p*, le poids propre du frein, rapporté à son rayon *R*, soit $p = 79{,}750$ kgr.

p', la charge additionnelle mise dans le plateau,

P, la charge totale $= (p + p')$,

V est la vitesse en mètres que prendrait un point situé à la distance *R* de l'axe, si le frein était entraîné par l'arbre et la poulie. Comme nous avons plusieurs opérations à effectuer avec cette formule, nous réunissons les constantes qu'elle renferme, afin de simplifier les calculs.

La vitesse $V = \frac{T 2 \pi R}{60}$, *T* étant le nombre de tours moyen par minute, ainsi : $Chx = \frac{(p+p')V}{75} = \frac{(p+p')T 2 \pi R}{75 \times 60}$

$$= \frac{(p+p')T}{\frac{4500}{2\pi \times 6.006}} = \frac{(79.750 + p')T}{119.236.}$$

La charge *p'* du plateau n'est pas restée constante, elle a été de

180 kgr, depuis 11h,10' jusqu'à 11h,19', et de 185 kgr, de 11h,19, à 11h,24'.

Le nombre de tours de la poulie pendant la première période est de 1755 — 1302 = 453 (voir le dernier tableau) soit de $\frac{453}{9} = 50{,}333$ tours par minute en moyenne. Pendant la deuxième période, il était de 2014 — 1755 = 259, soit $\frac{259}{5} = 51.8$ tours. En introduisant ces valeurs dans la formule du travail ci-dessus, on trouve :

109,649 *Chx*, pour la première période,
et 115,016 *Chx*, pour la deuxième période.

Si l'on voulait calculer le travail de minute en minute, on arriverait à des résultats qui ne seraient d'accord, ni entre eux, ni avec les pressions dans la chaudière et le condenseur. Il n'en faudrait pas conclure que les résultats auxquels conduisent nos calculs laissent à désirer, et à ce sujet la discussion suivante peut offrir quelque intérêt.

Plusieurs causes, sans parler de celle dont il a été question, page 165, peuvent en effet modifier les résultats d'une expérience au frein, lorsque sa durée n'est pas suffisamment grande. La plus importante est l'inertie du volant dans le cas où la vitesse du moteur varie.

Si la vitesse de la machine diminue, le travail d'inertie du volant s'ajoute à celui de la vapeur; si, au contraire la vitesse augmente, le travail qu'il faut dépenser pour accélérer le mouvement est retranché. En ne prenant pas de grandes précautions on pourrait commettre des erreurs assez sensibles, comme le prouve le calcul suivant :

Le travail nécessaire pour faire passer un système animé d'un mouvement de rotation, d'une vitesse angulaire initiale ω_0 à une autre ω est donné par :

$$\Sigma Tr = \Sigma \, {}^1/_2 \, I \, (\omega_n^2 - \omega_0^2)$$

C'est aussi l'expression du travail restitué par les masses en mouvement dans le cas où la vitesse diminue.

I est le moment d'inertie de la masse, et dans laquelle nous ferons entrer seulement celles du volant et des deux engrenages de la transmission, en négligeant l'influence des autres pièces animées d'un mouvement de rotation, telles que la manivelle, l'arbre, etc., et la formule générale, ci-dessus, préparée en vue des hypothèses précédentes, doit s'écrire ainsi :

$$\Sigma Tr = {}^1/_2\, I\, (\omega_n^2 - \omega_o^2) + {}^1/_2\, I'\, (\omega'^2_n - \omega'^2_o)$$

en représentant par I le moment d'inertie du volant et de la roue d'engrenage calée sur l'arbre de la manivelle, par ω_n et ω_o leurs vitesses initiale et finale, et par I', ω'_n, ω'_o, les quantités correspondantes du pignon de la transmission.

Nous appliquerons cette formule à la deuxième période de l'essai au frein dont il est question plus loin, et dans laquelle le nombre de tours de la machine a varié de 27,273 à 28,9091, et le nombre de révolutions de la poulie du frein ou du pignon de la transmission de 50 à 53 depuis 11h,19' jusqu'à 11h,24'.

Des mesures précises ont conduit pour le moment d'inertie du volant à 10.870, et pour celui de l'engrenage à 342, donc

$$I = 10.870 + 342 = 11.212, \text{ et pour } I' = 45{,}7.$$

On voit, comme nous l'avons annoncé, que les pièces autres que le volant ont une influence tout à fait négligeable.

Quant à

$$\omega_n = \frac{2\pi T}{60} = \frac{2 \times 28.91}{19.1} = 3{,}027.$$

$$\omega_n^2 = 9{,}163.$$

$$\omega_o \ldots\ldots = \frac{2 \times 27{,}273}{19.1} = 2{,}85.$$

$$\omega_o^2 = 8{,}123.$$

puis $\omega'_n \ \ldots = \frac{2 \times 53}{19.1} = 5{,}55.$

$$\omega'^2_n = 30{,}7.$$

$$\omega'_o \ \ldots = \frac{2 \times 50}{19.1} = 5{,}23.$$

$$\omega'^2_o = 27{,}353.$$

On trouve ainsi, tous calculs faits :

$$\Sigma\, Tr = 5375 \text{ kilogrammètres environ.}$$

Si on suppose que le mouvement ait été uniformément accéléré pendant les 5 minutes ou 300", qu'il a fallu pour produire l'augmentation de trois tours de la poulie du frein, le travail $= \frac{5375}{300}$ $= 18$ kilogrammètres environ par seconde, ou moins de $^1/_4$ de cheval, ce qui ne peut pas avoir une grande influence sur les résultats, puisque le travail moyen de la machine est de 115 *chx,* 016 (voir plus loin), mais il en serait tout autrement si l'accroissement de vitesse avait été produit dans un temps beaucoup plus court *.

§ V. *Détermination du travail moyen de chaque jour.*

Il s'agit maintenant de réduire le travail accusé par le frein aux moyennes des pressions et des nombres de tours de chaque jour de la semaine.

Ici commence une tâche très-sérieuse, et nous croyons qu'il est nécessaire de bien préciser les conditions dans lesquelles le problème se présente.

S'il n'y avait qu'à réduire le travail aux nombres de tours des six journées d'essai, la question serait très-simple, car tout le monde admettra que le travail donné par le frein et celui d'une machine à vapeur sont proportionnels aux nombres de tours, surtout dans les limites très-rapprochées entre lesquelles la vitesse de la machine a varié, non-seulement pendant la semaine, mais encore pendant l'essai au frein.

Mais comment opérer la réduction relative aux pressions de la chaudière et du condenseur, à moins de chercher la loi suivant

* Dans une première discussion nous avions cru devoir négliger les deux dernières minutes de la 2e période de l'essai au frein, pour éviter une erreur que nous croyions plus considérable que celle qui résulte du calcul ci-dessus.

laquelle la vapeur se détend dans le cylindre. On pourrait croire que pour éviter la recherche de cette loi, ainsi que la réduction du travail, il suffisait de faire l'essai au frein sous un nombre d'atmosphères rigoureusement égal à la moyenne de la semaine.

Cela était absolument impossible, faute de temps pour effectuer du jour au lendemain de nombreux calculs qui ont exigé plusieurs jours; et aurait-on pu le faire, que la question n'eût pas été plus simple, ni susceptible de plus d'exactitude, car il aurait fallu faire six essais différents correspondants aux pressions moyennes des six jours d'observations. Mais en opérant, même par impossible, comme nous venons de le dire, il restait toujours, avant vérification, une objection très-grave. En effet, la somme des travaux obtenus de quart-d'heure en quart-d'heure sous des nombres de tours et sous des pressions inévitablement variables, est-elle égale au travail qu'on obtiendrait sous une tension et un nombre de tours rigoureusement égaux aux moyennes de ces deux quantités?

Il aurait donc fallu expérimenter pendant toute la semaine sous un régime parfaitement constant; cela n'est pas possible non plus, car en suivant attentivement la conduite d'une chaudière, on s'aperçoit bientôt qu'à la mise en train du matin, on part avec un nombre d'atmosphères supérieur à la moyenne de celle de la journée, surtout si le niveau de la chaudière est très-bas. D'un autre côté le mode d'alimentation était une cause de variation continuelle; puis il faut ringarder le feu vers midi, et le soir les mêmes causes se présentent de nouveau; nous croyons que le seul moyen qui permette de maintenir la charge sur le piston entre des limites un peu plus étroites consiste à alimenter la chaudière, d'une manière continue, avec un injecteur-Giffard.

Mais quand même on pourrait maintenir la tension de la vapeur constante pendant une semaine entière, ne pourrait-on pas objecter qu'on sortirait ainsi des conditions d'une marche industrielle pour le moteur?

Votre rapporteur s'est bien rendu compte de toutes ces difficultés, non-seulement pour les essais de la machine à vapeur de M. Hirn, mais encore pour ceux de l'un des moteurs de l'établissement de MM. Wehrlin, Hofer et Cie, à Mulhouse. Pour ce dernier essai il a pris l'initiative et la responsabilité d'une méthode d'expérimentation plus expéditive, et qu'il croit tout aussi exacte et sans laquelle, vu les circonstances qui se sont produites pendant la semaine, il eût été impossible de déterminer le travail moyen avec une approximation suffisante.

Mais n'anticipons pas et bornons-nous à poser le résultat d'expérience suivant :

Le nombre de tours et la pression dans le cylindre d'une machine à vapeur peuvent varier entre des limites très-éloignées, sans que son travail diffère de celui qui correspond à une pression et à un nombre de tours supposés constants et égaux aux moyennes de ces quantités.

Avant que ce principe ne fût établi par les résultats d'un essai au frein d'une heure de durée sur la machine de MM. Wehrlin, Hofer et Cie, il pouvait subsister un doute très-grave au sujet de la méthode d'expérimentation appliquée à la machine de M. Hirn; mais hâtons-nous de le dire, les vérifications nombreuses que nous avons faites, sont tellement concordantes, (à $1/_2$ %) que le principe ci-dessus est incontestable, et c'est ce qu'une publication prochaine établira avec la dernière évidence.

Mais revenons à notre objet.

Pour déterminer la loi des variations des pressions pendant la détente, deux séries d'observations sont à notre disposition :

1° Les diagrammes relevés avec l'indicateur de Watt;

2° Les résultats de l'expérience au frein obtenus sous des pressions différentes.

La théorie thermodynamique, à sa naissance même, a établi les équations rationnelles qui expriment les lois de la détente des vapeurs *saturées*, avec ou sans mélange de liquide, et dans les circonstances les plus variées. Plus récemment M. Hirn a fait connaître les lois de la détente de la vapeur d'eau *surchauffée* dans des circonstances très-variées aussi. Nous disons les lois et non la loi : la forme des équations en effet varie selon que la détente se fait avec ou sans addition de chaleur externe; bien plus, elle varie selon la manière même dont se fait cette addition; et si l'on ne connaît ni la quantité de chaleur ajoutée, ni la loi que suit cette addition, il est absolument impossible d'établir une équation exacte. C'est malheureusement ce dernier cas qui se présente dans les machines à vapeur : les parois des cylindres jouent toujours ici le rôle de magasins et de distributeurs de chaleur. Et, ainsi que M. Hirn l'a démontré longuement (*Théorie mécanique de la chaleur*, 2e édition, § III, page 260 et suivantes) l'intervention de la chaleur des parois modifie profondément, et d'ailleurs d'une façon variable d'une machine à l'autre, la loi de la détente. D'un autre côté, il intervient dans chaque machine spéciale une foule d'influences particulières qui ne permettront jamais de la poser d'une manière absolue; ainsi, dans certaines machines à enveloppe de vapeur, nous avons pu constater une chute de pression très-notable, au moment où le piston arrive vers le milieu de sa course, par suite de la grande vitesse que la vapeur est obligée de prendre à travers les orifices d'admission pour suivre le piston, tandis qu'en d'autres points, il se produit une surélévation de tension, due sans doute à ce que la vapeur de l'enveloppe surchauffe celle qui agit sur le piston *.

Bien que dans la machine de M. Hirn les choses se passent

---

* Tout récemment nous avons étudié la loi des variations de la pression, pendant la détente, dans le petit cylindre à enveloppe de vapeur, de la machine de MM. Wehrlin, Hofer et Cie. Le degré de la détente dans le petit cylindre est $f = 0,42$. Les pressions sont exprimées très-exactement par $\frac{p_n}{p_0} = \left(\frac{V_0}{V_n}\right)^{0.78}$. Dans le grand cylindre les pressions suivent la loi de Mariotte. La différence très-sensible entre les lois de la détente dans le petit et le grand cylindre peut se justifier, à notre avis, par les raisons suivantes : Les parois du grand cylindre sont constamment en contact, d'un côté ou de l'autre du piston, avec la vapeur d'échappement qui s'écoule au condenseur; cette circonstance donne lieu à un refroidissement notable que ne subissent pas les parois du petit cylindre.

Courbe relevée avec l'Indicateur de **Watt** à $11^h 12'$
pendant l'Essai au frein.

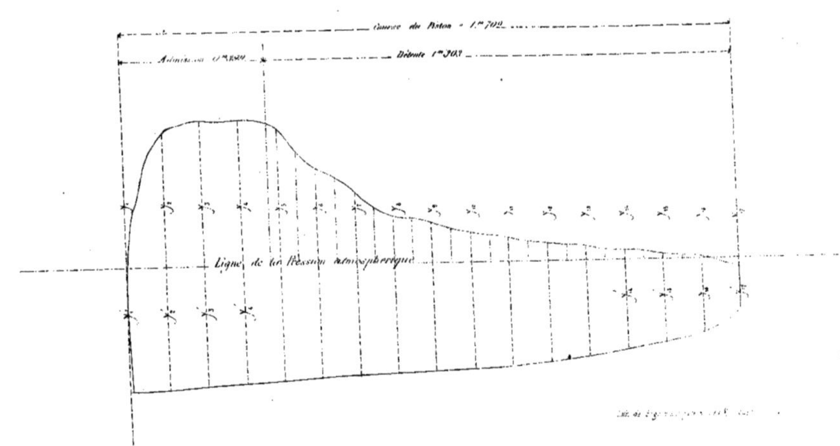

plus simplement, nous avons, par les raisons indiquées plus haut, jugé utile de chercher directement la loi de détente propre à la machine qui nous occupe, au lieu de recourir à une équation théorique. On va voir qu'en ce sens nous sommes arrivé à des résultats très-satisfaisants.

Pour constater cette loi avec certitude, il fallait graduer exactement l'échelle de l'appareil de Watt.

A cet effet, on a fait communiquer cet instrument avec une chaudière dont on a poussé lentement la vapeur de 1 à 5 atmosphères; on a comparé ses indications successives à celles d'un manomètre à mercure, et les pressions ont été corrigées comme nous l'avons fait plus haut (p. 167.)

Ceci posé, nous allons examiner avec quelques détails les courbes prises avec l'indicateur de Watt.

Vérification de la loi de Mariotte par les diagrammes relevés avec l'indicateur de Watt.

La figure ci-contre représente une de ces courbes.

Tout d'abord nous devons constater que les excellents appareils* dont nous disposions à la fin de la semaine ont donné des résultats extrêmement concordants. C'est ainsi qu'on a pu laisser fonctionner les indicateurs pendant 5, 10 et 20 coups de piston consécutifs, sans que le crayon laissât une trace de plus de $1/4$ à $1/3$ de millimètre de largeur; des courbes prises, d'un jour à l'autre, sous les mêmes pressions dans la chaudière, coïncident parfaitement dans toute leur étendue; la même observation s'applique à celles qui ont été relevées le dimanche pendant l'essai au frein, comparées à celles de la semaine.

Ces appareils sont à deux ressorts, l'un qui sert à mesurer les pressions supérieures à celle de l'atmosphère, l'autre qui indique les tensions inférieures à la pression atmosphérique; le premier de ces ressorts est plus fort que le second. C'est ce qui explique

* Ces appareils sortent des ateliers de MM. J. Hopkinson et Co, Engineers, Huddersfield.

dans certaines courbes une chute sensible au moment où elles atteignent la ligne dite ordinairement *ligne atmosphérique*, et qu'il faut se garder d'attribuer à un échappement anticipé de la vapeur dans le condenseur.

Au premier examen des courbes, on s'aperçoit que la distribution de la vapeur par les tiroirs laisse un peu à désirer et que la pression sur le piston n'atteint pas, dès le début de la course, le maximum auquel elle n'arrive qu'à la fin des deux premiers seizièmes parcourus par le piston; c'est un défaut qu'il eût été facile de corriger en donnant une *avance* convenable aux tiroirs d'admission, et il en est résulté une perte de travail assez sensible, car elle s'élève à 3,1 chevaux, soit à 3 °/₀ en moyenne. Malheureusement les 3 ou 4 appareils de Watt de plusieurs constructeurs, dont nous disposions pendant les premiers jours de la semaine, ne donnaient pas des courbes capables de fournir des renseignements constants et précis au sujet des circonstances de la distribution, c'est pourquoi on n'a pas donné un autre calage à l'excentrique.

Une autre remarque du même genre peut être faite relativement au *vide* ou à la contre-pression du condenseur. Effectivement le vide atteint très-lentement le maximum qui ne s'établit qu'à la fin de la course. C'est un défaut commun à un grand nombre de machines à vapeur, et que nous n'hésitons pas à attribuer à la trop faible *avance à l'échappement* que les constructeurs ont l'habitude de donner aux tiroirs.

Si on calcule le moment précis où l'échappement commence, on trouve pour beaucoup de machines que l'orifice d'évacuation ne s'ouvre qu'à l'instant où le piston n'a plus à parcourir qu'une fraction de millimètre.

Mieux vaudrait sans doute de hâter le commencement de l'échappement, au risque de perdre une faible partie du travail pendant un très-petit chemin parcouru par le piston, et on gagnerait certainement beaucoup par un vide bien meilleur pendant toute la durée de la course.

Loi des pressions pendant la détente.

La droite qui correspond à la pression atmosphérique a été partagée en seize parties égales, et aux points de division on a élevé des perpendiculaires ou *ordonnées* qui permettent de se rendre compte des tensions de la vapeur après chaque seizième parcouru par le piston.

Nous avons laissé subsister les petites sinuosités de la courbe, au lieu de tracer une *courbe moyenne*. Les ordonnées y et y' ont été mesurées avec le plus grand soin au $^1/_{10}$ de millimètre près, et les pressions ont été exprimées en kilogrammes par centimètre carré.

Les unités des échelles de l'appareil qui correspondent aux ordonnées y et y' étant u et u' nous aurons :

$$p = \frac{y}{u} + 1^k{,}033 = \frac{y}{12.74} + \quad 1{,}033$$

$$\text{et } p' = -\frac{y'}{u'} + 1^k{,}033 = -\left(\frac{y'}{38.85}\right) + 1{,}033$$

pour les pressions par centimètre carré, telles qu'elles résultent des diagrammes (voir le tableau *A* plus loin). Ceci posé, appelons f le degré de la détente, d le diamètre du cylindre et c la course du piston.

Le volume de vapeur admis à chaque cylindrée $= \frac{\pi d^2}{4} fc = 115$ litres, le volume de l'espace nuisible a été relevé, il est égal à 5 litres, nous l'avons négligé.

Si les pressions de la vapeur suivent la loi de Mariotte, elles doivent satisfaire à la relation connue :

$p_0 v_0 = p\, v$, dans laquelle

p_0 désigne la pression initiale pendant l'admission,

v_0 le volume introduit à chaque cylindrée,

p, la pression en un point quelconque de la course,

et v le volume correspondant;

Ainsi $p = \frac{p_0\, v_0}{v} = \dfrac{p_0 \frac{\pi d^2 fc}{4}}{\frac{\pi d^2 \quad n c,}{4 \times 16}}$ en représentant par n le nombre de seizièmes parcourus par le piston à partir de l'origine, donc

$$p = \frac{p_0 . f' 16}{n} = \frac{p_0 \times 0.2344 \times 16}{n} = \frac{p_0 \ 3.7504}{n}$$

Comme la détente commence entre les ordonnées y_4 et y_5, il suffira de poser successivement :

$$n = 5.\ 6 \ldots\ldots\ 16.$$

pour avoir les pressions demandées.

Le tableau *A* renferme toutes les indications nécessaires à la comparaison que nous avons à faire.

Les surfaces des courbes, et par suite le travail, sont à peu près proportionnels aux ordonnées moyennes; nous donnons à la fin des colonnes qui renferment les valeurs de y, la somme et la moyenne des ordonnées pendant la détente, et on voit que le maximum d'erreur relative est d'environ $^1/_{140}$.

L'accord entre les pressions données par les courbes de l'indicateur de Watt, et celles qui résulteraient de la loi de Mariotte, est confirmé d'une manière frappante, si ce n'est aux environs des ordonnées y_8 où toutes les courbes présentent une irrégularité constante qui doit être attribuée à quelque contrariété du piston, du ressort ou d'une autre pièce de l'appareil. Mais en supposant même que cet accord fût moins satisfaisant, il importerait de savoir si, malgré les petits écarts qui ont lieu tantôt dans un sens, tantôt dans l'autre, le travail de la vapeur pendant la détente n'est pas sensiblement le même que celui que donne la loi de Mariotte. Ce calcul a été fait pour les courbes relevées à $11^h,12'$ et $11^h,15'$ pendant l'essai au frein, en cherchant le travail tel qu'il résulte des ordonnées de ces diagrammes. La base a été partagée en deux fois plus de parties que nous avons indiquées précédemment, et les valeurs des ordonnées intercalées sont données par les chiffres imprimés en petits caractères dans le tableau *A*; on trouve ainsi pour la première courbe un résultat qui ne diffère que de $^1/_{90}$ en moins, et pour la deuxième un autre qui ne diffère que de $^1/_{274}$ en plus de celui que fournirait la vapeur si elle se détendait en suivant la loi de Mariotte, soit une moyenne de $^1/_{134}$; c'est à peu

TABLEAU A.

ORDONNÉES DES COURBES RELEVÉES AVEC L'INDICATEUR DE WATT

pendant l'essai au frein de la machine de M. Hirn.

Degré de la détente = **0,2344**; température moyenne de la vapeur surchauffée **219°**.

Désignation des ordonnées.		11 HEURES 10'					11 HEURES 12'				
		Longueurs des ordonnées en millimètres.	Pressions en kilogr. par ctm²: d'après les ordonnées	Pressions en kilogr. par ctm²: d'après la loi de Mariotte	Différences positives	Différences négatives	Longueurs des ordonnées en millimètres	Pressions en kilogr. par ctm²: d'après les ordonnées	Pressions en kilogr. par ctm²: d'après la loi de Mariotte	Différences positives	Différences négatives
	y₁	13.5	2.003				11.0	1.896			
	y₂	36.0	3.859				37.5	3.973			
	y₃	39.7	4.149				40.4	4.204			
	y₄	39.7	4.149				40.4	4.204			
	y₅	37.9	4.008	3.890	0.118		38.2	4.033	3.942	0.091	
	y₆	27.0	3.152	3.112	0.040		34.2 26.7	3.713 3.129	3.153		0.024
	y₇	20.1	2.611	2.593	0.018		23.5 20.7	2.817 2.658	2.628	0.030	
	y₈	14.6	2.179	2.223		0.044	16.2 15.0	2.383 2.211	2.252		0.041
	y₉	11.1	1.903	1.942		0.039	12.6 11.6	2.021 1.943	1.971		0.028
	y₁₀	8.0	1.661	1.729		0.068	9.3 8.3	1.763 1.685	1.752		0.067
DÉTENTE.	y₁₁	6.0	1.504	1.556		0.052	7.5 6.3	1.621 1.533	1.576		0.043
	y₁₂	4.7	1.402	1.414		0.012	5.2 5.0	1.440 1.426	1.433		0.007
	y₁₃	3.9	1.284	1.296		0.012	4.0 3.4	1.393 1.300	1.314		0.014
	y₁₄	2.2	1.206	1.197			2.8 2.6	1.253 1.237	1.213	0.024	
	y₁₅	1.1	1.119	1.111	0.009		1.8 1.3	1.171 1.135	1.120	0.015	
	y₁₆	0.5	1.072	1.040	0.008		0.8 0.6	1.095 1.083	1.045	0.038	
	y₁₇	−2.9	0.959	0.972		0.013	0.2 −2.9	1.048 0.959	0.980		0.021
Sommes			24.060	24.075	0.225	0.240		24.332	24.379	0.198	0.245
Différences			− 0.015		− 0.015			− 0.047		− 0.047	

Désignation des ordonnées.		11 HEURES 15'					11 HEURES 18 1/2'				
		Longueurs des ordonnées en millimètres	Pressions en kilogr. par ctm²: d'après les ordonnées	Pressions en kilogr. par ctm²: d'après la loi de Mariotte	Différences positives	Différences négatives	Longueurs des ordonnées en millimètres	Pressions en kilogr. par ctm²: d'après les ordonnées	Pressions en kilogr. par ctm²: d'après la loi de Mariotte	Différences positives	Différences négatives
	y₁	13.5	2.093				9.0	1.739			
	y₂	36.5	3.898				36.0	3.859			
	y₃	40.4	4.204				41.0	4.251			
	y₄	40.4	4.204				41.0	4.251			
	y₅	38.5	4.055	3.942	0.113		39.0	4.094	3.986	0.108	
	y₆	35.1 27.5	3.783 3.192	3.153	0.039		28.3	3.254	3.189	0.065	
	y₇	23.0 21.0	2.886 2.682	2.628	0.054		21.3	2.705	2.657	0.048	
	y₈	16.0 14.6	2.480 2.179	2.252		0.073	14.6	2.179	2.277		0.098
	y₉	13.2 11.8	2.079 1.959	1.971		0.012	12.4	2.006	1.993	0.013	
	y₁₀	9.3 8.8	1.762 1.723	1.752		0.029	8.2	1.677	1.771		0.094
DÉTENTE.	y₁₁	8.2 6.6	1.677 1.551	1.576		0.025	6.6	1.551	1.594		0.043
	y₁₂	5.4 5.2	1.457 1.441	1.433	0.008		5.2	1.441	1.450		0.009
	y₁₃	3.5 3.5	1.367 1.308	1.314		0.006	3.8	1.331	1.328	0.003	
	y₁₄	3.1 2.9	1.276 1.260	1.213	0.047		2.6	1.237	1.226	0.011	
	y₁₅	2.0 1.6	1.190 1.158	1.120	0.038		1.3	1.135	1.139		0.004
	y₁₆	1.4 0.6	1.113 1.083	1.045	0.038		0.8	1.083	1.063	0.020	
	y₁₇	0.5 −2.7	1.072 0.961	0.980		0.016	−2.6	0.967	0.998		0.031
Sommes			24.555	24.379	0.337	0.161		24.660	24.671	0.268	0.279
Différences			+ 0.176		+ 0.176			− 0.011		− 0.011	

Maximum d'erreur relative $= \frac{0.176}{24.379} = \frac{1}{14}$.

	11 h. 10'		11 h. 12'		11 h. 15'		11 h. 18 1/2'	
y'₁	33.0	0.849	33.5	0.862	33.8	0.870	34.5	0.888
y'₂	32.5	0.836	33.0	0.849	33.7	0.868	33.5	0.862
y'₃	32.4	0.834	32.5	0.836	33.2	0.854	33.0	0.849
y'₄	31.9	0.821	32.2	0.829	32.5	0.836	32.2	0.829
y'₅	31.2	0.803	31.6	0.813	32.1	0.825	32.0	0.823
y'₆	30.4	0.782	31.2	0.803	31.7	0.816	31.5	0.811
y'₇	30.2	0.777	29.9	0.769	31.0	0.797	31.1	0.800
y'₈	29.9	0.769	29.9	0.769	30.0	0.772	30.5	0.785
y'₉	29.2	0.752	29.1	0.750	29.5	0.759	29.4	0.756
y'₁₀	28.7	0.738	28.7	0.738	28.7	0.738	28.8	0.741
y'₁₁	27.9	0.718	28.5	0.733	28.1	0.723	28.5	0.733
y'₁₂	27.0	0.695	27.3	0.703	26.7	0.687	27.2	0.700
y'₁₃	25.7	0.661	26.4	0.679	25.7	0.661	25.5	0.656
y'₁₄	24.0	0.618	24.2	0.623	24.7	0.636	24.1	0.620
y'₁₅	22.5	0.579	22.2	0.571	22.5	0.579	21.0	0.541
y'₁₆	18.6	0.478	20.5	0.527	20.5	0.502	19.9	0.512
y'₁₇	14.0	0.360	14.5	0.373	14.5	0.373	13.5	0.349
Sommes :		12.k070		12.k227		12.k296		12.k255
Moyennes		0.k710; contre-pression = 1.033 − 0.710 = 0.k323 par ctm².		0.k718; contre-pression = 1.033−0.k718 = 0.k315 par ctm².		0.k723; contre-pression = 1.033 − 0.723 = 0.k310 par ctm².		0.k721; contre-pression = 1.033 − 0.721 = 0.k312 par ctm².

Contre-pression moyenne = 0.315 kgr. = 0.305 atm

NB. Nous croyons qu'une rigueur mathématique dans le calcul des résultats ci-dessus, serait tout à fait déplacée, aussi avons nous cherché les éléments de ce tableau à l'aide d'une grande règle à calculs. C'est une des rares parties de notre travail dans laquelle nous avons employé cette méthode de calcul expéditive.

près l'approximation à laquelle on arrive plus loin par la comparaison des résultats de l'essai au frein *.

Nous croyons donc que cette loi est parfaitement justifiée, et plus loin on trouvera une nouvelle preuve tirée de l'essai au frein.

Une donnée très-intéressante est encore fournie par les diagrammes. Nous voulons parler du *coefficient de réduction* par lequel il convient de multiplier le travail indiqué par les courbes pour obtenir le travail utile transmis au premier arbre moteur placé après le volant.

Cette question a de l'importance dans une foule de cas.

On sait combien de préparatifs dispendieux exige l'essai dynamométrique d'une machine à vapeur puissante, tandis qu'avec un appareil de Watt, on peut obtenir très-promptement une valeur approchée du travail que la vapeur exerce sur le piston, et si par une comparaison exacte des résultats des courbes avec ceux d'un essai au frein sur une machine donnée, on est parvenu à déterminer le coefficient de réduction par lequel il faut multiplier ce travail pour obtenir celui qui est disponible sur l'arbre moteur, on aura tout aussi facilement celui d'une autre machine du *même système* avec une approximation de 3 à 4 %.

Votre comité de mécanique a reconnu l'importance de cette question, et si nous ne nous trompons, il a voulu provoquer par des encouragements une étude complète à ce sujet. Nous croyons donc répondre au vœu du comité en apportant un premier élément à la solution de ce problème.

Ci-après on trouvera les résultats des courbes prises à $11^h,10'$, $11^h,12'$, $11^h,15'$ et $11^h,18'$ $^1/_2$ pendant l'essai au frein; toutes les quatre sont comprises dans la première période de l'expérience dont il est question plus loin.

---

* Pour faciliter les recherches et les vérifications, nous ajouterons que le travail pendant la détente, dans la supposition de la loi de Mariotte, a été déterminé par la formule : $V_0 p_0 \, 2,303 \log \frac{V_n}{V_0}$ ou par celle-ci : $Trav. = 18685 \, n \, d^2 \, c f \log \frac{1}{f}$ kilogrammètres par course, qui résulte d'une transformation analogue à celle dont il sera parlé un peu plus loin.

On sait que la surface comprise entre les diagrammes représente le travail par course de piston, et comme l'unité de l'échelle exprime généralement le nombre de millimètres correspondant à 1 kgr. par centimètre carré, le résultat que l'on obtiendra avec la base, ou la course du piston mesurée en mètres exprimera des kilogrammètres.

Pour calculer les surfaces, on se sert ordinairement de la méthode de quadrature dite des trapèzes, de celle de Thomas Simpson ou encore de celle de M. Poncelet. Nous préférons cette dernière, non-seulement parce qu'elle conduit plus rapidement au but, en dispensant de mesurer environ la moitié des ordonnées, mais surtout parce qu'elle permet de calculer très-facilement le degré de l'approximation ; ajoutons à ces deux avantages celui d'une plus grande exactitude dans les résultats.

Si on introduit les valeurs moyennes des ordonnées des quatre courbes données par le tableau plus haut, dans la formule :

$$S = \frac{B}{4n}\left(y_1 - y_2 + y_{n+1} - y_n + 8\,\Sigma\, y_{2n}\right)$$

dans laquelle B désigne la base ou la course du piston $= 1^m,702$

n le nombre pair des parties dans lequel cette base a été partagée, soit 16,

y les ordonnées dont le rang est marqué par les indices, et

Σy_{2n} la somme de toutes les ordonnées de rang pair, on obtient :

$S = \frac{1.702}{64}(129,411) = 3,4423$ kilogrammètres par centimètre carré de piston et par course *.

---

* L'erreur commise ne s'élève pas à :

$$\frac{B}{4n}\left(y_2 - y_1 + y_n - y_{n+1}\right) = 0,05631$$

Cette valeur positive indique que le résultat trouvé ci-dessus est trop petit et que l'erreur relative est moindre que $\frac{0.05631}{3.4423}$ ou $\frac{1}{61}$; on voit qu'il eût été préférable de diviser la base en plus de parties égales, et c'est ce que nous avons fait plus haut, page 185.

Le travail par course et par centimètre carré de piston étant connu, on aura le nombre de chevaux vapeur, en multipliant le résultat précédent par la surface du piston exprimé en centimètres ou 2874,cent².76, puis par le double du nombre de tours moyens qui est de :

$2 \times 27,4545$ entre 11h,10' et 11h,19' et en divisant par 60×75; on trouve ainsi 120,72 chx, tandis que l'essai au frein pendant le même temps n'a donné qu'une moyenne de 109.649 chx.

D'où résulte que le coefficient de réduction *pour l'appareil dont il s'agit et pour la machine de M. Hirn* est de :

$$\frac{109.649}{120,72} = 0,908$$

et que les frottements de la machine ont absorbé :

$$120,72 - 109,649 = 11,07 \text{ chx.}$$

Ce résultat peut être vérifié indirectement par certains éléments des observations dont nous avons parlé page 164.

A chaque mise au repos on marquait soigneusement le nombre de tours que faisait la machine *à vide*, après que la vapeur avait été brusquement interceptée. Quelques minutes avant l'arrêt on comptait le nombre de tours de la machine, dont la moyenne peut être considérée comme une valeur très-approchée pour le calcul de la vitesse initiale que possédaient le volant et les gros engrenages de la transmission, au moment où le mouvement commençait à se ralentir par suite des résistances passives qui agissaient seules sur la machine.

En négligeant l'inertie des pièces animées d'un mouvement alternatif et en ne tenant compte que de la vitesse acquise par le volant et les gros engrenages de la transmission, nous avons trouvé par le principe des forces vives, comme à la page 177, que le travail résistant de la machine pendant la marche à vide est de 9,18 chx *; c'est-à-dire qu'il ne diffère de celui que nous venons

* Sans accorder une confiance absolue à cette vérification théorique, nous

de constater, pendant la marche *sous charge*, que de 11,07 — 9,18 = 1,89 chx. Ce résultat ne doit pas surprendre, car les frottements des pistons, des boîtes à étoupes et d'un certain nombre d'autres ajustements restent constants, celui du volant varie peu et d'autres augmentent par suite de l'application d'une charge supplémentaire provenant de la pression de la vapeur. La faible différence entre les travaux absorbés pendant la marche *sous charge* et celle *à vide*, nous fait rejeter l'idée du *coefficient de réduction*. On est sans doute plus près de la vérité en disant que le travail donné par les diagrammes est à diminuer d'une *constante* à toutes les valeurs de la puissance qu'une machine peut fournir. Cette constante peut être déterminée dans bien des cas et avec une approximation de moins de 5 °/ₒ comme nous venons de le faire voir.

Cherchons encore le coefficient de *rendement pratique* de la machine de M. Hirn.

On a vu que les pressions de la vapeur suivent pendant la détente la loi de Mariotte, de sorte que le travail par course est donné par la formule connue $v_o\, p_o \left(1 + 2.303\ log\ \frac{1}{f}\right) - v_n\, p$ dans laquelle

v_o désigne le volume de vapeur par cylindrée,

---

ajouterons cependant que depuis les essais sur la machine à vapeur de M. Hirn, nous avons eu l'occasion de chercher le travail consommé par les frottements d'une des plus grandes transmissions télodynamiques qui existe. Nous avons vérifié la méthode ci-dessus par une expérience au frein et nous n'avons trouvé qu'une différence de 8 °/ₒ entre les résultats des deux méthodes. Depuis quelque temps nous avons l'occasion de suivre journellement une machine à vapeur du système de Woolf dont les dimensions sont précisément celles du moteur que M. Hirn a transformé, et qui fait l'objet de ce Rapport ; sur un très-grand nombre d'observations nous n'avons jamais trouvé une différence de plus de 5 °/ₒ. La valeur du travail absorbé pendant la marche à vide de cette machine est de 11^{Chx},5 ; c'est une augmentation d'environ 2^{Chx},5 sur celle de M. Hirn ; cette augmentation est en partie justifiée par le frottement d'un grand piston qui n'existe pas dans la machine à vapeur surchauffée.

p_o la pression de la vapeur en kilogr. pendant l'admission.
f le degré de la détente = 0.2344.
v_u le volume d'une cylindrée entière.
p_c la contre-pression moyenne dans le condenseur.

Pour rendre cette formule plus commode en vue des applications numériques que nous aurons à faire, nous exprimons le travail pratique en chevaux, en y introduisant les dimensions et les éléments essentiels de la machine.

Travail pratique en chevaux =

$$Chx = 3{,}6\ K\ T\ d^2\ c\ (n\ f\ (1 + 2.303\ log\ \frac{1}{f}) - n_c).$$

K est le coefficient de rendement pratique, qu'il est permis de supposer constant pendant toute la durée des essais.
T, nombre de tours de la machine par minute.
d, le diamètre du cylindre = 0,605.
c, la course du piston = 1,702.
n, le nombre d'atmosphères dans la chaudière.
f, le degré de la détente = 0,2344.
n_c, la contre-pression en atmosphères dans le condenseur.

Si on applique cette formule à la première période de l'essai au frein, dont il est question plus loin, on aura, en introduisant les moyennes tirées du tableau de l'essai au frein :

$$Chx = 3.6\ K \times 27.4545 \times 0.605^2 \times 1.702.$$
$$(4.59 \times 0{,}2344\ (1 + log\ \frac{1}{0.2344}) - 0{,}1218).$$
$$Chx = K \times 154{,}855,$$

et comme le frein a donné 109^{chx},649,

$$K = \frac{109.649}{154.855} = 0.708.$$

Ce calcul constate une perte de 1 — 0,708 = 0,292, soit 29,2 %, au lieu de 9, 2 % qu'on a trouvé plus haut: il y a donc 20 % de perte depuis la chaudière jusqu'au cylindre. Il y a effectivement une différence de 0,523^{atm} en moyenne, entre les tensions dans le générateur et l'intérieur du cylindre pendant l'admission.

Dans les quatre courbes relevées à 11^h,10', 11^h,12', 11^h,15', et

$11^h,18'\ ^1/_2$, les plus grandes ordonnées *y*, pendant l'admission représentant des pressions de $4^k,149$; $4^k,204$; $4^k,204$; et $4^k,251$ par centimètre carré, soit :

Tensions dans la chaudière	Tensions dans le cylindre		Différences des tensions
atm.	en kgr.	en atm.	atm.
4.543	4.149	4.016	0.527
4.59	4.204	4.069	0.521
4 59	4.204	4.069	0.521
4.637	4 251	4 115	0.522

La moyenne des pertes de pressions est égale à $0^{atm},523$.

Si dans la formule du travail :

$$Chx = 3.6\ K\ T\ d^2\ c\ (n f (1 + 2.303\ log \frac{1}{f}) - n_c)$$

on met à la place de la pression dans la chaudière *la moyenne* qui a lieu dans le cylindre, ou $n - 0,523$, soit $4,59 - 0,523 = 4,067$ et à la place de n_c la contre-pression moyenne du condenseur déduite des ordonnées *y'* des courbes soit $n_c = 0,305$, puis la valeur moyenne de *T*, de $11^h,10'$ à $11^h,18'\ ^1/_2$ ou $T = 27,4545$, on trouve, en posant $K = 1$:

$Chx = 125.04$, et en déduisant $3^{chx},1$ perdus, par suite du retard à l'admission p. 184.

on aura : $121^{chx},94$, au lieu de $120^{chx},72$, p. 189.

qui est la moyenne des résultats fournis par les diagrammes*. Ces chiffres offrent une vérification pour plusieurs des résultats obtenus plus haut, et mettent hors de doute la faible valeur des frottements des machines à vapeur.

La perte de charge ci-dessus est considérable, et nous ne croyons pas devoir l'attribuer au frottement de la vapeur contre les parois des tuyaux de la surchauffe, parce que la chaleur

* La différence de $1^{Ch.},22$ entre ces deux résultats a lieu dans le sens indiqué par la note de la page 188, et elle est moindre que l'erreur relative assignée.

gagnée par la vapeur restitue la pression perdue par suite des frottements, mais la cause principale de l'effet qui vient d'être constaté, réside sans doute dans l'insuffisance des passages offerts à la vapeur à l'entrée du cylindre. Cette perte de tension n'est pas extraordinaire, car dans les essais sur la machine de MM. Wehrlin, Hofer et Cie, elle s'élève à 0,20 et 0,25atm, depuis la chaudière jusque dans l'enveloppe du cylindre, sans compter celle qui a lieu entre l'enveloppe et l'intérieur du cylindre lui-même; cette dernière est d'environ 0,20atm, et dans d'autres machines elle est souvent bien plus considérable.

Nous devons faire ici une remarque très-importante. A première vue, on pourrait croire que la perte de pression que nous venons de signaler, et celle du rendement pratique qui en est la conséquence, entraînent une perte proportionnelle de vapeur et de combustible. Il n'en est aucunement ainsi; car, si notre machine, au lieu de donner les 120chx,72 disponibles d'après les diagrammes, avait donné les 154chx,855 réellement disponibles d'après la pression de la chaudière, elle aurait aussi consommé plus de vapeur, puisque le poids spécifique à 4atm,59 est plus grand que celui de la vapeur à 4atm,067, et qu'ainsi le poids dépensé par chaque cylindrée eût été plus grand aussi. Il est à la fois utile et très-facile de montrer quelle eût été l'économie de vapeur, si au lieu d'avoir dans le cylindre 4atm,067, nous y avions eu 4atm,59, mais en produisant aussi 121chx,94 de travail théorique. Notre formule générale est :

$$Chx = 3{,}6\ K\ T\ d^2\ c\ \left(n\ f\ \left(1 + 2{,}303\ log.\ \left(\frac{1}{f}\right)\right) - n_e\right).$$

Dans un cas nous avons obtenu $Chx = 121^{chx},94$ théoriques, en partant de la pression réelle n dans le cylindre, avec la détente $f = 0{,}2344$. Dans le second cas, nous devons modifier la détente f de manière à obtenir encore $Chx = 121^{chx},94$ avec $4^{atm},59 = n'$ dans le cylindre et une autre détente f'. Il vient ainsi :

$$3{,}6\ K\ T\ d^2\ c\ \left(n\ f\ \left(1 + 2{,}303\ log.\frac{1}{f}\right) - n_e\right) = 3{,}6\ K\ T\ d^2\ c\ \left(n'\ f'\ \left(1 + 2{,}303\ log.\ \frac{1}{f'}\right) - n_e\right)$$

$$\text{soit : } n\ f\left(1 + 2{,}303\ log.\ \frac{1}{f}\right) = n'\ f'\ \left(1 + 2{,}303\ log.\frac{1}{f'}\right)$$

En résolvant cette équation par rapport à f', on trouve :

$$f' = 0{,}191, \text{ à peu près.}$$

ce qui nous apprend que le piston, au lieu de parcourir :

$$0{,}2344 . 1{,}702 = 0^m{,}399,$$

comme il le faisait avec $4^{atm}{,}067$, n'eût eu à parcourir que :

$$0{,}191 . 1{,}702 = 0^m{,}326$$

avec $4^a{,}59$, pour nous donner le même travail.

Un théorême démontré par M. Hirn *(Théorie mécanique de la chaleur)*, 2e édition, page 180 et suivantes), nous permet de nous rendre compte très-exactement de l'économie réelle de vapeur que nous aurions obtenue. Ce théorême nous apprend :

« Que lorsqu'une vapeur, saturée ou surchauffée, passe brus-
« quement, et sans rendre de travail externe, de la pression P_0 à
« la pression P_1, son volume grandit toujours dans le rapport :

$$V_1 = \frac{V_0 P_0}{P_1}$$

Ce théorême s'applique précisément au cas qui nous occupe : Notre vapeur à $4^a{,}59$ dans la chaudière, par suite des étranglements des passages, tombe brusquement à $4^{atm}{,}067$ dans le cylindre, sans nous donner aucun travail externe. Le volume de la vapeur à $4^{atm}{,}067$ dans le cylindre, était :

$$V_1 = 0{,}399\ S$$

S étant la surface du piston. Le volume de la vapeur à $4^a{,}59$, qui y a donné lieu par sa chute de pression, était donc :

$$V_0 = \frac{V_1 P_1}{P_0} = 0{,}399\ S\ \left(\frac{4{,}067}{4{,}59}\right) = 0{,}353\ S,$$

c'est-à-dire que le piston eut dû parcourir $0^m{,}353$ pour engendrer ce volume : Or, pour nous donner notre travail $Chx = 121^{chx}{,}94$ avec $4^a{,}59$ dans le cylindre, il n'a parcouru que $0^m{,}326$. L'économie de vapeur qui serait résultée de ce surcroît de pression réellement disponible, est donc :

$$\frac{0{,}353 - 0{,}326}{0{,}353} = 0{,}075 \text{ soit } 7\ {}^1/_2\ \%.$$

On voit que bien qu'il y eût eu un avantage notable à avoir dans le cylindre de la vapeur à $4^a{,}59$, au lieu de vapeur à $4^a{,}067$, cet avantage ne s'élèverait pourtant qu'au tiers environ de ce qu'on eût pu attendre à première vue, d'après notre énoncé ci-dessus, (page 191), lorsque nous constations 20 p. °/₀ de perte, depuis la chaudière jusqu'au cylindre.

Nous nous sommes longuement étendu sur les résultats fournis par les diagrammes. D'abord nous y avons trouvé une vérification de la méthode employée pour le calcul du travail de la machine, puis nous tenions à faire ressortir les avantages précieux qu'offre dans un grand nombre de circonstances un instrument qui, selon nous, devrait accompagner chaque moteur à vapeur. C'est le seul appareil qui permette d'étudier avec quelque chance de succès, les effets de la vapeur, et de rendre compte de toutes les circonstances qui se présentent dans la distribution.

Vérification de la loi de Mariotte par les données de l'essai au frein.

Nous venons de voir par les diagrammes de l'indicateur de Watt, que les pressions pendant la détente suivent bien réellement la loi de Mariotte.

Vérifions maintenant cette loi par les résultats de l'expérience au frein.

Si la vapeur se détend d'après la loi citée, son travail doit correspondre exactement à la formule donnée page 191.

Travail pratique en chevaux

$$= 3.6\, K\, T\, d^2\, c\, \left(n\, f\, \left(1 + 2.303\, log.\, \frac{1}{f}\right) - n_c\right)$$

Les quantités K*, d, c, f sont constantes et si T, n et n_c deviennent T', n' et n'_c pour un travail Chx', on aura

$$\frac{Chx}{Chx'} = \frac{3.6\, K\, T\, d^2\, c\, \left(n\, f\, \left(1 + 2.303\, log.\, \frac{1}{f}\right) - n_c\right)}{3.6\, K\, T'\, d^2\, c\, \left(n'\, f\left(1 + 2.303\, log.\, \frac{1}{f}\right) - n'_c\right)}$$

$$= \frac{T\left(n\, f\left(1 + 2.303\, log.\, \frac{1}{f}\right) - n_c\, c\right)}{T'\left(n'\, f\left(1 + 2.303\, log.\, \frac{1}{f}\right) - n'_c\right)}$$

* Si on ne veut pas admettre la constance de K, il faut convenir aussi que les expériences au frein n'ont pas de signification.

et si, pour plus de simplicité, on représente les valeurs des parenthèses par u et u', il vient :

$$\frac{Chx}{Chx'} = \frac{Tu}{T'u'} \text{ ou bien } \frac{Chx}{Tu} = \frac{Chx'}{T'u'} = \textit{constante.}$$

Ce rapport constant est effectivement vérifié par les résultats de l'expérience au frein.

Considérons les deux périodes qui s'étendent l'une de 11h,10' à 11h,19'; l'autre de 11h,19' à 11h,24' (voir le tableau-résumé de l'essai au frein).

De 11h,10' à 11h,19' on a $P = 259.75$, de 11h,19' à 11h,24', on a $P = 264.75$, et les nombres de tours moyens correspondants sont $\frac{1755 - 1302}{9} = \frac{453}{9} = 50.333$ par minute,

et $\frac{2014 - 1755}{5} = \frac{259}{5} = 51.8$ id.

En introduisant ces valeurs dans la formule du travail :

$Chx = \frac{(79.75 + p)\, T}{119.236}$, développée plus haut page 176, on trouve

109chx,649 pour la 1re période,

et 115, 016 » 2e »

Ces deux résultats de l'essai au frein vérifient la relation

$$\frac{Chx}{Tu} = \frac{Chx'}{T'u'}.$$

Les quantités $u = nf\left(1 + 2.303 \; log. \frac{1}{f}\right) - n_c$

et $u' = n'f\left(1 + 2.303 \; log. \frac{1}{f}\right) - n'_c$

renferment l'une et l'autre le facteur constant $f\left(1 + 2.303 \; log. \frac{1}{f}\right)$ $= 0.2344 \left(1 + 2.303 \; log. \frac{1}{0.2344}\right) = 0{,}5745$, de sorte que

$$u = n \times 0.5745 - n_c$$

et $u' = n' \times 0.5745 - n'_c$.

Les moyennes de n et n' pendant les deux périodes de l'essai au frein, sont :

Pour n 4atm,59

Et pour n' 4, 637

Et celles de n_c . . . . $0^{atm},122$

» n'_c 0, 1184

donc :

$$u = n \times 0.5745 - 0.122 = 2.515$$
$$u' = n' \times 0.5745 - 0.1184 = 2.5456,$$

et la relation $\frac{Chx}{Tu} = \frac{Chx'}{T'u'}$ deviendra en substituant à la place de T et T' les nombres de tours moyens de la machine*

$$\frac{109.649}{27,4545 \times 2,515} = \frac{109.649}{69.048} = 1.588.$$

$$\frac{115.016}{28,2545 \times 2,5456} = \frac{115.016}{71.9246} = 1.599.$$

La différence entre ces deux rapports $= 0.011$, c'est-à-dire qu'elle s'élève à $\frac{0.011}{1.599} = \frac{1}{145}$ environ.

Nous avons fait d'autres vérifications sur les travaux qui correspondent à des périodes différentes de celles que nous avons choisies plus haut, et le rapport $\frac{Chx}{Tu}$ s'est toujours peu éloigné des valeurs 1,588 et 1,599.

Pour simplifier les calculs suivants, nous avons adopté le nombre plus simple 1,6, d'autant plus que l'accélération du mouvement de la machine pendant la 2e période nous fait croire que le travail de $115^{chx},016$ doit être une limite inférieure (voir page 177).

Nous croyons donc que la loi de Mariotte pendant la détente est justifiée aussi bien par les diagrammes que par les comparaisons précédentes, et qu'il est permis de déduire le travail moyen de chaque jour de l'équation $\frac{Chx}{Tu} = \frac{Chx'}{T'u'} = 1,6$.

Si cependant les pressions moyennes n et n_c et les nombres de tours T pendant les six jours de la semaine différaient notablement des quantités correspondantes de l'essai au frein, nous croyons qu'il serait téméraire d'appliquer la méthode que nous employons ; mais cela n'est pas le cas ici, comme on pourra s'en convaincre à l'inspection des moyennes des six jours d'observa-

* Les nombres de tours de la machine sont égaux à ceux de la poulie du frein, multipliés par le rapport des engrenages de la transmission ou $\frac{6}{11}$.

tions, et il sera permis d'affirmer que les résultats donnés plus loin, sont approchés à moins de $\frac{1}{145}$ comme les rapports $\frac{Chx}{Tu}$ que nous venons de calculer.

Ajoutons encore que si les pressions suivaient une loi plus compliquée que celle de Mariotte, la marche à suivre serait restée la même, sauf la longueur des calculs; notre but était de réunir sous une forme très-simple l'ensemble des observations et d'en déduire une formule pour le calcul du travail moyen de chaque jour.

D'autres corrections devraient être faites à la rigueur, et si nous ne les développons pas ici, c'est uniquement pour ne pas étendre inutilement ce travail. Elles n'offrent d'ailleurs qu'un intérêt purement scientifique, et les résultats auxquels elles conduisent ne diffèrent pas de ceux qui précèdent.

La détermination du travail moyen par jour est donc très-simple; en effet, on aura :

$$\frac{Chx}{Tu} = \frac{Chx'}{T'u'} = 1{,}6, \text{ donc : } Chx' = 1{,}6\ Tu.$$

Le tableau suivant renferme tous les éléments et les résultats des calculs.

TABLEAU B.

JOURS	Nombre de tours moyen de la machine T	Pressions moyennes dans la chaudière n	Pressions moyennes dans le condenseur n_c	Facteurs 0.5745 × $n-n_c$ u	Facteurs. t u	Constante $\frac{Chx}{Tu}$	Travail moyen en chevaux 1,6 Tu	Eau évaporée, ramenée à 4° quant au volume et à 0° quant à la température.	Houille brulée ramenée à 10 % de scories.	Rendement de la chaudière	Eau par heure	Houille par heure.	Eau par cheval et par heure	Houille par cheval et par heure
Lundi .	27.0328	4.459	0.102	2.4597	66.4926	1.6	106.39	11873 10	1648.22	7.203	983.85	136.577	9.248	1. 284
Mardi. .	27.2126	4.484	0.1158	2.4603	66.951		107.12	12091	1637.33	7.384	995 1	134.759	9.288	1.258
Mercredi	27.1249	4.493	0.1189	2.4623	66.782		106.85	12145	1630.73	7.447	1002.7	134.637	9.384	1.260
Jeudi . .	26.9512	4.453	0.1217	2.4365	65.666		105 06	11802 64	1635.22	7.218	976.31	135.257	9.293	1.287
Vendredi	27.1092	4 522	0.118	2.48	67.23		107.57	11919.9	1626.04	7.33	980.91	133.698	9.119	1.243
Samedi .	27.0763	4.522	0.1229	2.4749	67.0123		107.22	12234.98	1625.49	7.527	1014.08	134 727	9.457	1.257
Sommes	162.5040	26.933	0.6993				640.21	72066 62	9803.03	44.109	5952 95	809.655	55.789	7.589
Moyennes	27.084	4 489	0.1165				106.70	12011.1	1633.84	7.351	992 16	134.942	9.298	1.265

§ V. *Examen et discussion des résultats. — Conclusions.*

Les paragraphes précédents rendent compte des précautions qui ont été prises pour arriver à des résultats exacts, et des méthodes employées pour les calculs.

Nous nous proposons maintenant d'examiner les résultats, et de préparer par la discussion les conclusions pratiques de notre travail.

Nous nous abstiendrons pour le moment de faire beaucoup de rapprochements entre les machines qui emploient la vapeur surchauffée et celles qui utilisent la vapeur à l'état de saturation. Le parallèle entre ces deux espèces de machines ne pourra être établi que lorsqu'on connaîtra des termes de comparaison certains, obtenus dans des conditions identiques. Ce travail intéressant ne pourra manquer d'être mené à bonne fin par la Société industrielle, et les essais sur une des machines motrices de l'établissement de MM. Wehrlin, Hofer et Cie fourniront le premier élément de cette comparaison, que des essais plus nombreux compléteront sans doute.

Nous résumerons la marche du générateur, en établissant avant tout quelques faits généraux.

Comme nous l'avons vu, page 160, la surface de chauffe véritable est de 125$^{m^2}$,80 (non compris la surchauffe) pour une production moyenne de $\frac{12014,1}{12^h,06'28''} = 991^k,8$ d'eau évaporée par heure, et par conséquent chaque mètre carré de surface de chauffe a absorbé la chaleur nécessaire pour vaporiser $\frac{991.8}{125.8} = 7^k,885$ d'eau par heure; l'eau qu'a pu entraîner la vapeur à l'état vésiculaire a été d'ailleurs complétement transformée en vapeur à son passage dans la surchauffe. Ce rendement de $7^k,885$ est à peu près égal au minimum de celui qu'on a obtenu avec une des chaudières de Wesserling, qui a donné de $7^k,9$ à $8^k,9$ *(Bulletin de la Société industrielle de Mulhouse,* Mai 1860). Il s'est élevé de $11^k,65$ à $13^k,12$ dans les chaudières de MM. Schlumberger fils et Cie, et à $14^k,11$ dans celle de M. Flühr (même *Bulletin*).

Il a été brûlé par jour 1697^k,1 de houille Ronchamp à 13 $^1/_3$ % de scories, soit $\frac{1697.1}{12h.\,06'\,28''}$ = 140^k,16 de houille par heure, et $\frac{140.16}{125,8}$ = 1^k,114 de houille par mètre carré de surface de chauffe et par heure. C'est la moyenne des résultats constatés à Wesserling. Les essais faits sur les chaudières de MM. Schlumberger fils et Cie ont donné 1.6^k, et ceux des chaudières de M. Flühr 1.94^k.

Enfin le tableau qui résume les essais fait voir que la chaudière de M. Hirn a donné en vapeur *sèche* 7^k,351 d'eau évaporée ramenée à 4° quant au volume, et à 0° quant à la température, par kilogr. de houille de Ronchamp, réduite à 10 % de scories.

Il a été impossible de mesurer la quantité d'air introduit dans le foyer. La disposition de la grille à gradins de M. Langen ne permet pas facilement l'application d'un anémomètre. On peut seulement affirmer, d'après un examen constant de l'allure du foyer, que le tirage de la cheminée a été très-énergique; mais vû la grande surface du générateur, un volume d'air plus ou moins considérable n'a pas une grande influence sur le rendement.

L'eau d'alimentation a gagné 43°63 à son passage par le réchauffeur. Enfin la température moyenne de la vapeur surchauffée a été de 222°75.

Le rendement de la chaudière est certainement inférieur à celui que l'on obtient avec des générateurs munis de réchauffeurs convenablement disposés, quoique la quantité de chaleur gagnée par l'eau d'alimentation, à son passage par les réchauffeurs, soit peu différente de celle qu'on a constatée dans les expériences sur les chaudières de MM. Schlumberger fils et Cie et de M. Flühr, et qu'elle soit même plus considérable que celle que nous avons trouvée plus récemment dans les essais de la machine de MM. Wehrlin, Hofer et Cie. Mais nous croyons que les réchauffeurs des chaudières de cette dernière machine sont trop petits.

Pour faciliter la discussion de l'influence de la surchauffe sur le rendement de la chaudière, nous mettons sous les yeux du lecteur un tableau des principales observations qui nous intéressent ici.

TABLEAU C.

Moyennes des températures de la fumée, de l'eau d'alimentation et de la vapeur surchauffée.

JOURS	Niveau moyen au-dessus du centre de la chaudière.	Températures de la fumée		Différence proportionnelle à la chaleur absorbée par la vapeur.	Température moyenne de la vapeur surchauffée.	Chaleur abandonnée par la fumée au corps cyl. de la chaudière.	Températures de la fumée		Différences proportionnelles à la chaleur absorbée par l'eau d'alimentation	Températures de l'eau d'alimentation		Chaleur gagnée par l'eau d'alimentation dans les réchauffeurs.
		à l'entrée de la surchauffe.	à la sortie de la surchauffe.				à l'entrée de l'appareil réchauffeur.	à la sortie de l'appareil réchauffeur ou à l'entrée de la cheminée.		à son entrée dans les réchauffeurs.	à la sortie des réchauffeurs.	
Lundi	+ 253 61				223°		211° 3	123° 5	87° 8	19° 3	58° 9 min.	39° 6 min.
Mardi	+ 228 26	615° 6 max.	344°	271° 6	248 55 min.	130° 2	213 8	125 3	88 5	17 7 min	63 0	45 3
Mercredi	+ 197 6	578 4	341 4	237	224 24	130 2	211 2 min.	123 5	87 7	18 0	60 7	42 7
Jeudi	+ 193 2	575 8	354 44	221 36	223 40	128 34	226 1 max.	129 6	96 5	20 1	64 3	44 2
Vendredi	+ 209 2	641 6	338 min.	273 6 max.	226 86 max.	115 7	222 3	136 5 max.	86 8 min.	20 2 max.	65 8 max.	45 6 max.
Samedi	+ 181 25	564 min	374 max.	190 min.	220 48	150 5	224 5	117 min.	107 5 max.	20 0	64 4	44 4
Sommes	1263 12	2945 4	1751 84	1193 56	1336 53	654 94	1309 2	755 4	554 8	115 3	377 1	261 8
Moyennes	210 52	589 1	350 37	238 71	222 75	130 99	218 2	125 9	92 5	19 2	62 85	43 63

Après un examen sérieux des chiffres du tableau précédent, nous croyons qu'une large part dans la diminution du rendement de la chaudière doit être attribuée à l'évaporation de l'eau entraînée par la vapeur dans la surchauffe.

Pour s'en convaincre, il suffit de comparer les niveaux moyens de l'eau dans la chaudière aux pertes de chaleur subies par la fumée à son passage dans la chambre de la surchauffe. La quantité d'eau entraînée par la vapeur est certainement d'autant plus grande que le niveau de l'eau dans la chaudière est plus élevé. Un grand nombre de MM. les membres du comité de mécanique ont pu constater, comme nous, ce fait, pendant le concours des chaudières de 1859. En effet, pendant les essais nombreux qui ont été entrepris alors pour mesurer la quantité d'eau entraînée à l'aide de la méthode proposée par M. Hirn, et dont il est rendu compte dans vos *Bulletins,* on a cru qu'on arriverait à des résultats concluants en faisant successivement les expériences sous un niveau aussi bas que la prudence le permettait, et puis avec une hauteur d'eau très-considérable dans la chaudière. Quoique, dans ces conditions extrêmes, la méthode expérimentée n'ait pas donné de résultats comparables*, on a pu conclure à un entraînement d'eau extraordinaire, lorsqu'on opérait sous un niveau très-élevé, car le piston de la machine à vapeur a rencontré à chaque extrémité de sa course, une masse d'eau telle qu'il en résultait des chocs violents qui ont fait interrompre immédiatement les expériences, de crainte d'amener la rupture d'une pièce importante de la machine.

---

* Nous avons exprimé à plusieurs reprises, dans le comité de mécanique, notre opinion au sujet de la méthode ingénieuse proposée par M. Hirn pendant les essais relatifs au concours des chaudières en 1859. Cette méthode n'est pas plus compliquée qu'une foule d'autres que de savants physiciens emploient journellement dans des recherches délicates, mais nous croyons qu'elle exige beaucoup de précautions, et même des appareils spéciaux qu'on n'a pas eu le temps de construire.

La question de l'eau entraînée est extrêmement importante, et nous croyons que la méthode de M. Hirn est capable de la résoudre. Il serait à désirer que de nouveaux essais fussent entrepris.

On voit par le tableau *C* que la quantité de chaleur abandonnée par la fumée à son passage dans la chambre de la surchauffe a été d'autant plus grande que le niveau moyen dans la chaudière a eté plus élevé. Le tableau du lundi ne renferme pas les observations qui nous occupent, parce que le temps nous a manqué pour faire faire les préparatifs nécessaires avant la fin de la première journée des essais. On est en droit d'affirmer d'après ces résultats concordants que la surchauffe de la vapeur aurait coûté moins de chaleur, si l'on avait tenu le niveau de la chaudière constamment de 150 à 200m/m plus bas, qu'on ne l'a fait d'après les indications d'un sifflet d'alarme mal réglé, et que le rendement de la chaudière eût été, toutes corrections faites, au-dessus de la moyenne trouvée, soit 7k,351 d'eau évaporée par kilogramme de houille brûlée.

Mais il y a une autre raison qui vient à l'appui de notre opinion, nous la déduisons également des observations.

Le mercredi on a fait installer un thermomètre dans une petite *poche* pratiquée dans le tuyau d'amenée de vapeur à la sortie de la surchauffe, ce qui a permis de constater la perte de chaleur subie par la vapeur depuis la surchauffe jusqu'à l'entrée du cylindre. A partir du jeudi, les tableaux rendent compte du refroidissement de la vapeur pendant ce court trajet de 10 à 12 mètres, et on a trouvé ainsi une moyenne de 28°,08. Frappé de l'abaissement considérable de température qui paraît d'autant plus extraordinaire, que le tuyau de vapeur qui reposait sur la partie supérieure de la maçonnerie très-chaude de la chaudière, et à l'abri de tout courant d'air, était entouré d'une épaisse couche de terre glaise, nous avons fait protéger ce tuyau au moyen d'un canal en briques qui a été achevé rapidement dans la matinée de vendredi, et à partir de 3 heures du soir de la même journée et pendant celle de samedi la perte de chaleur ne s'est plus élevée qu'à 4 ou 5° *.

Des résultats ci-dessus il est permis de conclure que si le faible

---

* On aura sans doute déjà expliqué les pertes négatives, inscrites dans les tableaux, par un défaut de simultanéité dans les observations.

refroidissement à travers un tuyau entouré d'une couche protectrice de terre glaise, a pu faire tomber la température de la vapeur surchauffée de 28°, on peut dire aussi que la chaleur nécessaire pour l'élever de 150°, température de la vapeur saturée à 5 atmosphères, à 247° en moyenne, qu'elle avait au sortir de l'appareil surchauffeur, ne doit pas être considérable non plus, et que c'est plutôt l'évaporation de l'eau entraînée dans la surchauffe qui a absorbé la plus grande partie de la chaleur cédée par la fumée.

Peut être cherchera-t-on à expliquer les faits que nous venons de signaler par la différence entre les capacités calorifiques de la vapeur à 150° et à 247°, mais cette explication est inadmissible, car d'après les expériences de M. Regnault, la chaleur spécifique de la vapeur est constante, ou, si elle tend à diminuer d'après les recherches d'autres savants, la diminution, si elle a réellement lieu, est tellement faible, qu'elle ne peut justifier les faits constatés plus haut.

Nous croyons donc que l'appareil surchauffeur a joué dans une certaine mesure le rôle d'une chaudière supplémentaire et dans une proportion d'autant plus forte, que le niveau dans la chaudière a été plus élevé ou que la quantité d'eau entraînée a été plus grande.

Cette manière de voir n'étonnera plus si on compare le volume *de la chambre de vapeur* dans la chaudière au volume d'une cylindrée de la machine et au volume d'eau renfermé dans la chaudière et les bouilleurs. En effet, le premier de ces volumes est au second comme 21 est à 1 seulement, dans la supposition d'un niveau moyen de + 210,5 m/m au-dessus du centre du générateur, et il est beaucoup plus faible encore pour certains jours des essais; le second de ces rapports ne s'élève qu'à 0,26 environ.

Si on voulait poursuivre cette discussion et examiner l'influence du niveau de la chaudière sur la chaleur abandonnée par la fumée aux réchauffeurs, on verrait que les conclusions précédentes ne s'étendent pas d'une manière constante aussi loin, ce qui n'est pas étonnant, car à mesure que la température de la fumée baisse, l'absorption de la chaleur par les surfaces refroidissantes est moins rapide. La quantité de chaleur gagnée par l'eau d'alimentation a même varié très-peu d'un jour à l'autre.

Puis il faut se rappeler que la fumée, avant d'entrer dans la chambre des réchauffeurs, circule d'abord autour du corps cylindrique de la chaudière, et cette circonstance peut sans doute faire naître un élément perturbateur pour les recherches que l'on pourrait être tenté de poursuivre aussi loin. Cependant on voit, par les moyennes du tableau *C*, que le refroidissement successif de la fumée ne présente pas d'anomalies.

Malgré les raisonnements dont nous venons d'appuyer notre opinion au sujet du rôle qu'a dû jouer la surchauffe dans le cas d'un niveau élevé dans la chaudière, il n'est pas moins vrai que la fumée a perdu en moyenne 238°,7 à son passage dans la chambre de la surchauffe, tandis qu'elle n'a cédé que 92°,5 à l'eau d'alimentation contenue dans les réchauffeurs. On pourrait donc dire que s'il y a un avantage incontestable dans l'emploi de la surchauffe, d'un autre côté la quantité de chaleur qu'elle exige est telle, que si on l'appliquait toute entière à des réchauffeurs suffisamment grands, le rendement de la chaudière s'élèverait beaucoup, et qu'ainsi tout l'avantage de la surchauffe pourrait disparaître. Ce raisonnement, nous ne le dissimulons pas, est fait pour ébranler bien des convictions, et nous devons l'examiner très-attentivement.

Que la vapeur qui alimente nos moteurs entraîne de l'eau, cela est hors de doute, et les opinions à ce sujet ne peuvent différer que sur la proportion plus ou moins grande de l'eau qui passe avec la vapeur dans les cylindres.

Une donnée approximative serait très-utile ici pour étudier la question du rendement du régénérateur.

Nous la tirerons de la série de nos essais, et la méthode tout-à-fait directe qui sera appliquée donnera des résultats précis et capables d'élucider cette question. A ce sujet il suffira d'en appeler à l'accord très-satisfaisant qu'offre la série des observations insérées dans les tableaux.

La chaleur gagnée par l'eau d'alimentation, à son passage par les réchauffeurs, s'élève à une moyenne de 43°,63 et la perte de chaleur de la fumée est de 92°,5, tandis qu'elle s'élève à 238°,7 du fait de la surchauffe (voir le tableau *C)*, mais comme les observations sont incomplètes pour la journée du lundi, on fera sans doute mieux de ne prendre les moyennes que pour les cinq derniers jours de la semaine, on trouve ainsi :

44°,44 pour le gain de chaleur de l'eau d'alimentation;

93°,4 pour la perte de chaleur de la fumée par les réchauffeurs;

238°,7 pour la perte de chaleur de la fumée par la surchauffe;

et 219°,6 pour la température de la vapeur surchauffée à l'entrée du cylindre, ou plutôt

$$219°,6 + 28° = 247°,6,$$

parce que les observations incomplètes dans la journée du lundi obligent de remonter de la température à l'entrée du cylindre à celle qu'avait la vapeur à la sortie de la surchauffe, sauf pour les journées du vendredi et du samedi.

La fumée est entrée dans la surchauffe avec une température moyenne de 589°,1, et elle en est sortie avec 350°,37 pour se rendre dans la chambre des réchauffeurs à 219°,6 et s'échapper dans la cheminée à 126°,4.

Comme la capacité calorifique des gaz à pression constante ne varie pas dans des limites très-étendues, on peut admettre, qu'à une perte de chaleur de 1° entre les deux limites de 589°,1 à 350°,37 et 219°,6 à 126°,4 qui viennent d'être indiquées, correspond un gain de chaleur constant pour les surfaces refroidissantes de la surchauffe et des réchauffeurs.

D'un autre côté le même poids moyen d'eau $E = 12037,2$ kgrs a passé par ces deux appareils pour les cinq derniers jours de la semaine. Appelons x la quantité d'eau entraînée qui a traversé la surchauffe et que celle-ci a complétement évaporée, $E - x$ la quantité de vapeur qui y est entrée à la pression moyenne de 4,495 atm., soit à une température de 149°, sa capacité calorifique à pression constante = 0,475. Appelons encore F le poids des gaz sortant du foyer, c' leur chaleur spécifique; ces deux dernières quantités sont inconnues, mais seront éliminées dans le calcul suivant, et nous admettrons à défaut d'autres renseignements que F est resté le même pendant les cinq derniers jours des essais, ce qui revient à prendre la moyenne de cette valeur.

On aura ainsi pour les quantités de chaleur gagnées et perdues:

Surchauffe: $(249°,6-149°)(E-x)c+(652-149)x=Fc'\times 238,7.$

Réchauffeurs : $44°,44\ E = F\ c'\ 93°,4.$

De la deuxième équation on tire : $F\ c' = \frac{44°,44\ E}{93°,4}$

et en substituant dans la première

$$98,6\ (E-x)\ 0,475 + 503\ x = \frac{44°,44\ E\ 238,7}{93°,4}$$

$$x = 0,145\ E, \text{ soit } 14,5\ \%$$

pour un niveau moyen de 102 m/m par rapport au repère adopté ou + 202 par rapport au centre de la chaudière.

Nous voulons faire voir au sujet des calculs ci-dessus que nous ne cherchons pas à déterminer une quantité très-petite perdue dans une autre beaucoup plus grande, car tout au contraire la somme de chaleur enlevée à la fumée pour la dilatation de la vapeur surchauffée s'élève seulement aux 0,513 de celle qu'il faut pour l'évaporation de l'eau entraînée, et cette circonstance se prête très-bien à une détermination exacte des inconnues. En effet les équations précédentes donnent pour les nombres proportionnels de la chaleur qu'il faut pour la surchauffe de la vapeur, 40,1 et pour celle que demande l'évaporation de l'eau entraînée 78,2, soit le rapport $\frac{78,2}{40,1} = 1,95$, c'est-à-dire que l'évaporation de l'eau entraînée a exigé à peu près le double de la chaleur nécessaire à la surchauffe de la vapeur.

Dans le tableau ci-dessous se trouvent les proportions d'eau entraînée, suivant l'importance de la moyenne du niveau dans la chaudière.

Jours	Niveau moyen de l'eau par rapport au repère	Niveau moyen par rapport au centre de la chaudière	Proportion de l'eau entraînée
Samedi	+ 81.25 m/m	181 25	9 %
Jeudi	+ 93.2	193.2	11.6
Mercredi	+ 97.6	197.6	14.6
Vendredi	+ 109.2	209.2	17.7
Mardi	+ 128.26	228.26	20.0
			Moyenne 14.5 %

La proportion d'eau entraînée en raison du niveau de la chaudière est manifeste, et se vérifie beaucoup mieux que par les comparaisons tirées du tableau *C* *.

Les résultats moyens ci-dessus ne sont pas extraordinaires. On est peut-être tenté d'objecter que nous négligeons l'influence du refroidissement de la fumée par les parois des conduits ; mais cette cause d'erreur, en lui attribuant même une certaine influence, ne peut pas fausser les calculs d'une manière sensible par suite de l'élimination de la quantité $F c'$.

Mais examinons d'un peu plus près les résultats qu'on vient de trouver, et voyons s'ils sont invraisemblables.

Le samedi le niveau moyen a été de + 81,25, soit + 181,25 m/m au-dessus du centre de la chaudière ; cette hauteur d'eau ne se

* Ces résultats sont basés sur les températures de la fumée à différents passages des carneaux de l'appareil évaporatoire. En certains endroits on a déterminé les températures à l'aide de la méthode des mélanges, qui donne des résultats plus exacts qu'on n'est généralement porté à le croire, à la condition d'employer quelques précautions très-simples. Dans les essais sur la machine de MM. Wehrlin, Hofer et Cie on a vérifié cette méthode par des observations directes faites avec de bons thermomètres, et on n'a jamais trouvé des différences de plus de 3 %.

rencontre jamais en marche courante. Le tableau qui résume les données de la semaine indique que la machine a fourni ce jour *sous charge* $2 \times 19601 = 39202$ coups de piston, le poids de vapeur qui a passé par le cylindre est de 12234,98 kgrs, ce qui fait $\frac{12234,98}{39.203} = 0^k,313$, soit 313 grammes par course dont les 9 % = 28,17 grammes ou 28 $^{cmt^3}$. Ainsi une machine à vapeur marchant dans les conditions de celles de M. Hirn, mais sans surchauffe, aurait entraîné dans le cylindre par coup de piston un volume d'eau égal à celui que peut contenir un petit cube de 30 m/m de côté environ; cette quantité ne suffit pas pour recouvrir le piston d'une couche d'eau de $^1/_{10}$ de m/m de hauteur par course, et dans la journée de mardi pour laquelle on trouve 20 % d'eau entraînée la hauteur de cette couche n'a pas atteint $^1/_5$ de m/m.

Envisagés à ce dernier point de vue, les résultats trouvés plus haut ne paraissent nullement exagérés, et la méthode que nous venons d'appliquer, et pour laquelle nous employons les données d'observations d'une semaine entière, mérite sans doute autant de confiance qu'une expérience de cabinet.

Cherchons maintenant quelle est l'influence des 14 $^1/_2$ % d'eau entraînée sur le rendement de la chaudière, pour lequel on a trouvé $7^k,351$ d'eau évaporée par kgr de houille brûlée. Les $7^k,351$ de vapeur renfermaient $7,351 \times 14,5 = 1^k,066$ d'eau à l'état vésiculaire avant leur entrée dans la surchauffe et que celle-ci a complétement vaporisée.

Les $7^{kgr},351$ de vapeur *sèche* à $4^{atm},489$ correspondent à une quantité de vapeur *humide* avec 14 $^1/_2$ % d'eau entraînée, également à $4^{atm},489$, soit à une température de 149°, qu'on peut déterminer par l'équation :

$$7.351 \times 652 = x\,652 + x \times 0,145 \times 149$$

de laquelle on tire : $x = 7^{kgr},012$ et par suite le poids équivalent de vapeur humide avec 14 $^1/_2$ % d'eau vésiculaire

$$= 7,012 + 7,012 \times 0,145 = 7,012 + 1,014$$
$$= 8^{kgr},026.$$

Si nous admettons seulement 4 $^1/_2$ % d'eau entraînée, le poids de vapeur humide correspondant aux 7kgr,351 de vapeur sèche s'élève encore à 7kgr,603, et dans ce cas la chaudière conserverait tout l'avantage de la dilatation de la vapeur par la surchauffe. Il n'y a, évidemment, pas de réduction à faire subir aux résultats ci-dessus pour la perte de chaleur par les parois des carneaux.

Dans les essais les plus favorables aux réchauffeurs le rendement a rarement dépassé 8 kgr. de vapeur par kilogramme de houille brûlée réduite à 10 °/o de scories.

D'où nous concluons que la quantité de chaleur exigée pour surchauffer la vapeur est très-minime, et certainement beaucoup plus faible qûe celle qui paraît résulter d'un examen superficiel des observations.

Ces résultats, déterminés par une méthode qui n'a pas encore été employée, que nous sachions, offrent, comme on vient de le voir, un grand degré de certitude*. Cherchons comment on pourrait encore les vérifier, ou plutôt comment on pourrait établir qu'ils ne sont pas en contradiction avec quelques faits acquis.

En l'absence d'analyses des gaz qui se développent pendant la combustion, nous avons pensé qu'il peut être intéressant de vérifier les formules de la page 208, en cherchant à nous rendre compte approximativement du volume d'air qui a passé sous la grille. Nous nous appuyons à cet effet sur une donnée dont M. Burnat s'est servi à deux reprises dans ses savantes recherches sur l'influence du volume d'air brûlé dans le rendement des générateurs. On trouve dans les *Bulletins* d'Avril 1860, page 194, et de Septembre 1863, page 426, deux valeurs de la chaleur spécifique du mélange de gaz qui s'échappe des cheminées des machines à vapeur. Elles diffèrent très-peu entre elles; leur moyenne = 0,245 environ et M. Burnat établit, que lors même que la composition des gaz viendrait à changer dans une certaine mesure, par suite d'une combus-

* M. Marozeau s'est appuyé sur des considérations analogues pour déterminer, en l'absence d'observations anémométriques, la quantité d'air qui passe par les foyers des chaudières à réchauffeurs (voir le *Bulletin* du mois d'Octobre 1863).

tion plus ou moins complète, la chaleur spécifique qu'il a déduite de l'analyse de la houille de Ronchamp resterait à peu près constante. En introduisant dans la 2e équation de la page 208 les valeurs moyennes de la semaine, elle devient

$$12011 \times 43,63 = F\,0,245 \times 92,5$$

donc :

$$F = \frac{12011 \times 43.63}{92.5 \times 0,245} = 23100 \text{ kgrs d'air, soit :}$$

$\frac{23100}{1.299} = 17800\,^{m^3}$ pour 1634 kgr de houille brûlée par jour, ce qui conduit à $\frac{17800}{1634} = 10^{m^3},9$ d'air environ par kilogramme de houille *.

La moyenne des nombreux essais discutés par M. Burnat $= 11^{m^3},6$ (voir le grand tableau inséré dans le *Bulletin* du mois de Juillet 1863). Certes, voilà un accord qui a lieu de surprendre. Nous ne voulons cependant pas y ajouter plus d'importance qu'il ne mérite; notre but était simplement de faire voir, une fois de plus, que la méthode qui a été employée pour déterminer la proportion d'eau entraînée ne conduit pas à des contradictions, quand on l'examine à des points de vue très-différents. Le coefficient de la chaleur spécifique, que nous empruntons aux beaux travaux de M. Burnat, sera peut-être modifié par la suite, mais nous avons cru, à son exemple, pouvoir l'adopter dans les recherches qui nous occupent.

Les discussions précédentes nous ont vivement fait désirer que les nombreux essais qui ont été entrepris par le comité de mécanique conduisent un jour à la loi du refroidissement de la fumée dans les chaudières, et les nombreux documents déjà publiés permettront sans doute de poser dès à présent cette loi avec certitude.

Nous avons voulu examiner cette question au moins sous le rapport qui nous intéresse ici. Nous avons pris les moyennes des nombreux essais insérés dans le grand tableau du *Bulletin* de Juin 1863. En éliminant ceux de ces essais qui se rapportent à la

* Ce chiffre est un peu trop faible par suite de la chaleur perdue par la fumée au contact des parois de la chambre des réchauffeurs.

chaudière non munie de réchauffeurs, on trouve par la formule :

$$E\,t = F\,c'\,t' \quad \text{p. 60.}$$

$$c' = \frac{9460 \times 64.4}{10960 \times 252} = 0{,}219$$

Une recherche analogue faite sur la chaudière de M. Flühr (*Bulletin* de Juin 1860) conduit à :

$$c' = \frac{8430 \times 57.4}{7420 \times 291} = 0{,}224$$

Ces deux valeurs de c' diffèrent très-peu de celle indiquée par M. Burnat, soit 0,245, et mettent ce coefficient hors de doute, surtout si l'on réfléchit à ce que l'influence du refroidissement de la fumée par les parois des carneaux a été négligée. C'est une justification de plus de la méthode, par laquelle nous avons déterminé la quantité d'eau entraînée.

Part d'influence dès réchauffeurs.

D'après le tableau qui résume les moyennes des températures de la fumée et de l'eau d'alimentation, on voit que cette dernière a gagné 43°,68 à son passage dans le réchauffeur, et en admettant que le nombre de calories nécessaires à l'évaporation d'un kilogr. d'eau soit de 652, on trouve que le combustible avait à fournir :

652 — 19.2 = 632,8 unités de chaleur pour produire l'évaporation de 1 kilogr. d'eau prise à la température moyenne de 19°,2; sur ces 632,8 calories, la chaleur absorbée par le réchauffeur entre pour $\frac{43.63}{632{,}8} = 6{,}9$ % sur le rendement total et pour $\frac{43.63}{632{,}8 - 43{,}63}$ = 7,4 % sur le rendement de la chaudière.

MM. Burnat et Dubied indiquent les chiffres suivants dans leur rapport sur le concours des chaudières de 1859 (*Bulletin* de Juin 1860, page 290).

Désignation des appareils	Rapport entre l'action du réchauffeur et l'effet total. p. %	Surface de chauffe de la chaudière et des bouilleurs	Surface de chauffe du réchauffeur
Chaudière de Wesserling. .	14.84 à 16.25	35 m²	44 m².59
Chaudière du moteur de l'apprêtage à Wesserling . . .	12.33 à 16.15	15.40	48. 00
Chaudière de MM. Schlumberger fils et Cie.	3.82 à 7.12	44.70	32. 00
Chaudière de M. X. Flühr. .	8.79 à 9.81	18.84	20. 96
Sommes.	39.78 à 49.33		
Moyennes	9.94 à 12.33		

On voit par ce tableau qu'il y a de grandes différences d'une chaudière à l'autre, quant à la part proportionnelle du rendement des réchauffeurs par rapport à l'effet total. Ces différences tiennent au système des réchauffeurs, à la proportion entre la surface de chauffe de ceux-ci et celle des chaudières, à la quantité d'eau entraînée, et au nombre de mètres cubes d'air introduits dans le foyer par kilogramme de houille brûlée.

Quoiqu'il en soit, la part d'action de la spire réchauffeuse de M. Hirn est inférieure à celles de trois chaudières du tableau précédent, mais surpasse celle de la chaudière de MM. Schlumberger fils et Cie, dans laquelle la proportion de la surface de chauffe des réchauffeurs est très-petite.

Enfin M. Burnat a constaté, dans son Mémoire du 24 Septembre 1862 (voir le *Bulletin* de Juillet 1863), 16,2 % au maximum avec des réchauffeurs très-grands pour la surface de chauffe de la chaudière qu'il a expérimentée.

Il est sans doute intéressant d'examiner ce que serait devenu l'influence des réchauffeurs de la chaudière de M. Hirn, si on avait tenu le niveau d'eau beaucoup plus bas; admettons une proportion d'eau entraînée de 4,5 % qui s'écarte peu de celle qui a été déduite d'une foule d'essais, faits d'après des méthodes différentes, pendant le concours des chaudières de 1859.

Si le générateur se trouvait dans ces dernières conditions, au lieu d'entraîner 14 ½ % d'eau à l'état vésiculaire, il n'aurait pas eu à fournir la quantité de chaleur nécessaire pour évaporer

14,5 — 4,5 = 10 °/₀ d'eau, tout en continuant de surchauffer la vapeur à peu près au même degré, par conséquent il aurait pu utiliser 652 — 149 = 503 calories, pour une production supplémentaire de vapeur humide; les 10 °/₀ du rendement moyen = 7k,531 × 0,1 = 0,7531, donc l'absorption de chaleur par l'eau vésiculaire a exigé :

0,7531 × 503 = 378,8 calories; ces 378,8 calories seraient restées disponibles pour le corps cylindrique de la chaudière et les réchauffeurs.

Nous ne savons pas au juste dans quelle proportion cette quantité de chaleur se serait répartie entre ces deux éléments de l'appareil évaporatoire. Mais admettons pour un instant que tout son effet se soit concentré sur les réchauffeurs, elle y aurait produit une élévation de température supplémentaire de $\frac{378.8}{7.531} = 50°$ environ, c'est-à-dire que l'eau serait sortie à la température moyenne de 62°,85 + 50° = 112°,85. C'est là un maximum, car la portion des 378,8 calories qui se serait portée sur le corps cylindrique de la chaudière aurait produit un effet moins avantageux que celui qu'elle a produit ci-dessus sur l'eau contenue dans les réchauffeurs.

De plus, il ne faut pas oublier que dans notre hypothèse nous avons complétement négligé le changement d'allure du foyer qui en serait résulté; car de tout autres températures se seraient manifestées après la surchauffe, et dans tous les cas la fumée n'aurait plus quitté les réchauffeurs à 131° environ, mais à une température beaucoup plus élevée. Si nous estimons seulement à 25° l'augmentation de température gagnée par l'eau d'alimentation, nous trouvons encore :

$$62,85 + 25 = 88°,85.$$

La température la plus élevée que M. Burnat ait constatée est de 118° pour l'eau d'alimentation à la sortie d'un réchauffeur tubulaire, dont la surface est très-grande par rapport à celle de la chaudière (voir le tableau inséré dans le *Bulletin* de Juillet 1863).

Houille et eau consommées par la machine par cheval et par heure.

Nous avons encore à rendre compte de la houille et de l'eau consommées par cheval et par heure.

D'après le programme que s'est tracé le comité de mécanique, les recherches expérimentales sur les moteurs à vapeur porteront successivement sur des systèmes de machines très-différents, qui peuvent utiliser la force expansive de la vapeur obtenue à l'aide de chaudières diverses; il importe donc de choisir un terme de comparaison commun à tous les essais.

Ce n'est certainement pas la quantité de houille brûlée qui peut fournir des indications au sujet de la meilleure utilisation du travail de la vapeur motrice. La quantité de combustible nécessaire à un moteur à vapeur dépend de tant d'influences, sans compter celles qui peuvent résulter de la nature de la houille et des dispositions, ainsi que de la conduite de l'appareil évaporatoire, qu'il est impossible de fonder sur cet élément un jugement décisif. Il est donc indispensable de tenir compte du poids de vapeur consommée par cheval et par heure. Mais en dernière analyse, et abstraction faite du prix d'acquisition de la machine et de la chaudière, les industriels baseront toujours le choix d'une machine à vapeur sur la quantité de houille brûlée ou sur le prix de revient du cheval-vapeur. Mais étant donnée une machine qui résout d'une manière économique la production de la force motrice, il s'agit de savoir dans quelle proportion la chaudière et le moteur contribuent à ce résultat.

Ce n'est qu'en envisageant les moteurs au double point de vue de la production économique de la vapeur et de la meilleure utilisation du travail dont elle est capable, qu'on pourra arriver à une combinaison rationnelle des moteurs et des générateurs.

La Société industrielle a déjà puissamment contribué à la solution de la première de ces deux questions importantes, et elle espère que des expériences nombreuses sur les machines elles-mêmes permettront d'élucider certains points douteux et conduiront à des résultats avantageux pour la pratique.

On voit par le dernier tableau des observations, que le travail moyen, pendant la semaine, n'a varié que de 2 $^1/_3$ %, et qu'il a atteint le minimum dans la journée de jeudi pendant laquelle il y a eu ralentissement de mouvement. Ce ralentissement s'élève à 0,95 % ; mais le travail a encore diminué par suite d'une pression moyenne plus faible que pendant les autres jours de la semaine; la diminution de pression dans la chaudière provenait d'une *détresse*, que le chauffeur a éprouvée à la mise en train de 1 heure, comme il est facile de s'en convaincre à l'inspection des grands tableaux. C'est à la même cause qu'il faut attribuer un rendement plus faible de la chaudière et la température élevée avec laquelle la fumée s'est échappée par la cheminée, et qui est nettement accusée par les deux observations relevées après une heure ; il est vrai que l'on trouve pour la journée de vendredi des températures plus élevées encore pendant toute la soirée, mais cela tient à une autre raison.

La moindre perte de chaleur de la vapeur surchauffée, dans son trajet depuis la surchauffe jusqu'au cylindre, a nécessité l'ouverture partielle du registre qui conduit directement la fumée du carneau inférieur à ceux du corps cylindrique de la chaudière ou aux réchauffeurs, et la fermeture de l'autre registre qui ouvre le passage à l'entrée de la surchauffe. Malgré cette manœuvre, la température moyenne de la vapeur a été plus élevée pendant la journée de vendredi que pendant les autres jours de la semaine. Ce résultat favorable est dû au canal en briques par lequel nous avons protégé le tuyau d'amenée de vapeur dont il a été parlé plus haut, page 26.

Pendant la journée de samedi on a été obligé très-souvent de manœuvrer ces registres afin d'éviter une température trop élevée de la vapeur surchauffée, qui doit être attribuée autant à une moindre quantité d'eau entraînée, qu'à une plus faible perte de chaleur par le tuyau de vapeur, attendu que la maçonnerie du canal en briques achevée le vendredi, n'était complétement sèche que le samedi matin.

Les mêmes causes expliquent certains écarts entre les maxima et les minima des moyennes, inscrits au bas du dernier tableau. On accordera volontiers que ces écarts peu considérables ne dépassent pas les limites des erreurs d'observation, admissibles dans toutes les recherches expérimentales.

En résumé la machine de M. Hirn a consommé 1k,265 de houille de Ronchamp, réduite à 10 °/o de scories et 9k,298 de vapeur d'eau par cheval et par heure.

La journée la plus favorable, sous tous les rapports, a été celle du vendredi, car les nombres de kilogrammes de houille et d'eau par cheval et par heure ont atteint le minimum. Nous n'oserions pas affirmer cependant que ces avantages proviennent de ce que la température de la vapeur surchauffée s'est élevée au maximum à l'entrée du cylindre, parce que la différence entre les moyennes des températures de la vapeur n'est pas assez considérable d'un jour à l'autre pour expliquer le meilleur rendement pendant la journée de vendredi *.

Dans les essais de l'une des machines à vapeur du système de Woolf, chez MM. Wehrlin, Hofer et Cie, nous avons trouvé 1k,636 de houille et 12k,403 de vapeur par cheval et par heure; ces résultats sont inscrits sur les tableaux qui sont entre les mains de MM. les membres du comité de mécanique. La machine dont il est question a fonctionné pendant les essais sous une détente extrêmement prolongée; le degré de l'expansion est de 0,0851, tandis que dans la machine de M. Hirn, il est de 0,2344.

Quoique ces résultats soient à modifier, comme l'indique une

---

* En faisant cependant le calcul des volumes de vapeur surchauffée, comme nous l'indiquons plus loin, on justifie à moins de 1 °/o l'avantage marqué de la journée de vendredi. Le même calcul fait voir que l'augmentation de température de 8°,3 correspondant à une augmentation de volume de 2,7 °/o environ pour la vapeur.

note du tableau-résumé, ils ne varieront, en définitive, que très-peu, et on peut dire dès à présent que la machine à vapeur surchauffée offre un avantage de :

1,636 — 1,265 = 0,371 kgr de houille } par cheval et
et de 12,403 — 9,298 = 3,105 kgr de vapeur } par heure,
soit une économie de 22,7 °/₀ sur la houille et de 25 °/₀ sur le poids de vapeur.

Mais les degrés de la détente dans ces deux machines étant très-différents, on comprend que ces comparaisons ne peuvent pas donner la mesure de l'économie réalisée par la machine de M. Hirn, et les chiffres ci-dessus sont beaucoup au-dessous de la vérité. On pourrait à la rigueur déterminer par un calcul ce que seraient devenues les économies en houille et en eau, si la machine à vapeur surchauffée avait fonctionné sous une détente commençant aux 0,0851 de la course du piston; mais rien ne prouve que la loi de Mariotte, qui a été constatée pour un degré de détente = 0,2344, soit encore applicable si la détente est poussée jusqu'aux 0,0851. D'un autre côté nous ne savons pas encore si dans la machine de MM. Wehrlin, Hofer et Cie on n'a pas fait détendre la vapeur plus que le bon rendement du moteur ne l'eût exigé.

Cette dernière question est très-importante, et elle sera discutée très-sérieusement dans un travail qui paraîtra prochainement. Comme nous tenons essentiellement à ne pas nous placer sur un terrain qu'il serait difficile de défendre, faute de données expérimentales bien établies, nous soumettons, en attendant, à l'appréciation des ingénieurs, la question de l'économie réelle de la machine de M. Hirn, et nous nous tiendrons simplement aux résultats bien constatés qui ont été indiqués plus haut.

Nous ne pouvions cependant pas laisser la question de l'économie réelle de la machine de M. Hirn dans l'indécision. Aussi apportons-nous de nouveaux éléments de comparaison qui, à nos yeux, ont une très-grande importance.

L'étude de la loi des pressions pendant la détente dans la machine de MM. Wehrlin, Hofer et Cie et l'examen des diagrammes de ce moteur, nous ont appris que le degré de la détente n'a pas dépassé la limite nécessaire à un rendement très-favorable, et pendant l'impression de notre travail, en Avril 1867, nous avons relevé de nouvelles courbes snr la machine de M. Hirn, en poussant la détente à $f = 0{,}125$; c'est à peu près l'extrême limite que les organes distributeurs permettent d'atteindre.

Nous donnons ci-contre le dessin de l'une de ces courbes, et dans le tableau *D* on trouvera les valeurs des ordonnées.

L'unité de l'échelle de l'appareil qui nous a servi est de $25^{m/m},57$ par kgr, et par centimètre carré, soit à peu près le double de celle des appareils avec lesquels ont été relevés les diagrammes en 1864.

La pression pendant l'admission est de $4^{kgr},064$ par centimètre carré, c'est-à-dire qu'elle diffère très-peu de la moyenne de celles qui sont indiquées par les quatre courbes de l'essai au frein et dont nous avons donné tous les éléments dans le tableau *A*.

La température de la vapeur surchauffée à l'entrée du cylindre était de 229°, peu différente aussi de la moyenne de nos premiers essais.

La ligne atmosphérique a été partagée en 20 parties égales.

Il nous importait de trouver la loi des pressions pendant la détente lorsque l'expansion est poussée très-loin. Cette loi est exprimée d'une manière très-satisfaisante par l'équation :

$$\frac{p_n}{p_o} = \left(\frac{v_o}{v_n}\right)^{0.9}$$

Si les courbes relevées en 1864 ne nous ont pas conduit à l'équation précédente, cela tient d'abord à ce qu'elles n'offrent pas une étendue assez considérable avec le degré de la détente $f = 0.2344$, et en second lieu à ce que la loi des pressions doit non-seulement varier, dans une certaine mesure, d'une machine à une autre, mais encore dans la même machine, selon qu'elle reçoit plus ou moins de vapeur par coup de piston. L'évaluation de la chaleur développée par le travail du frottement du piston, dont nous parlons plus loin, en fournira la preuve.

Courbe relevée en Avril 1867.

$f = 0,125.$

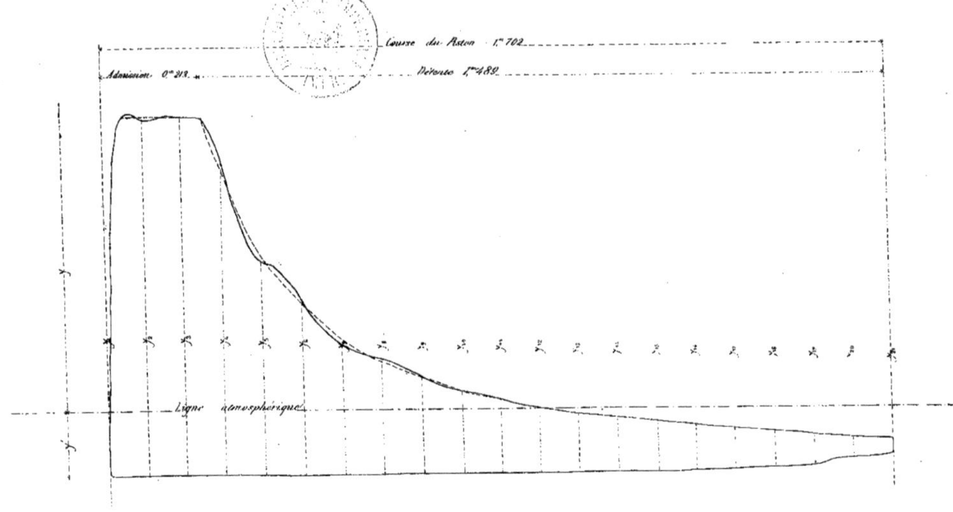

Imprimerie [illegible] à Mulhouse.

Les courbes nouvelles, dans l'étendue d'une détente $f = 0.2344$, entre les ordonnées y_3 et y_{11}, établissent que la loi de Mariotte pourrait encore rendre compte avec une approximation suffisante des pressions successives; mais au-delà de l'ordonnée y_{11}, les différences entre les valeurs tirées des ordonnées et celles qui résulteraient de la loi de Mariotte sont tellement grandes, qu'il est impossible d'admettre cette dernière loi pour toute l'étendue des courbes nouvelles.

En prenant pour pression initiale l'une de celles qui ont lieu aux environs des ordonnées y_{10} et y_{12}, à partir desquelles ces courbes n'offrent plus de sinuosités sensibles, on pourrait exprimer, avec une approximation remarquable, la loi des pressions jusqu'à la fin de la course par la formule :

$$\frac{p_n}{p_0} = \left(\frac{v_0}{v_n}\right)^{\alpha}$$

dans laquelle $\alpha = 0.64$.

Cela veut-il dire que la vapeur surchauffée arrive à un certain endroit de la course du piston au point de saturation ?

Nous ne nous permettrons pas de trancher cette question intéressante pour la solution de laquelle il serait nécessaire d'avoir des observations thermométriques prises à l'intérieur du cylindre et qu'il est presqu'impossible de se procurer.

Au point de vue d'une expression algébrique susceptible de rendre compte approximativement du travail de la machine, il est à peu près indifférent de prendre pour le calcul des premières ordonnées après l'admission $\alpha = 1$, ou $\alpha = 0.9$, car la différence entre les travaux basés sur ces deux valeurs de α ne s'élève qu'à $4 \frac{1}{2}$ %, lorsque la détente s'arrête à $f = 0.2344$. Les courbes nouvelles ne permettent pas du reste d'atteindre une grande exactitude aux premiers moments après la fin de l'admission; d'abord elles présentent des ondulations très-prononcées entre les ordonnées y_3 et y_{10}, et puis la chute très-rapide de ces courbes vers l'axe des x ne permet pas de déterminer avec précision les intersections avec les premières ordonnées, parce que ces lignes coupent les courbes sous un angle très-aigu. Mais d'un autre côté les

TABLEAU D.

Ordonnées d'une courbe relevée avec l'indicateur de Watt, en Avril 1867.

Degré de la détente $f = 0{,}125$; température de la vapeur surchauffée $= 229^{o}$

Désignation des ordonnées	Longueurs des ordonnées en millim.	Pressions en kgr. par centimètre carré — D'après les ordonnées	Pressions en kgr. par centimètre carré — D'après la loi $\frac{p_n}{p_0} = \left(\frac{v_0}{v_n}\right)^{0.9}$	Pressions en kgr. par centimètre carré — D'après la loi de Mariotte	Différences entre les pressions déduites des ordonnées et celles qui résultent de la loi $\frac{p}{p_0} = \left(\frac{v_0}{v_n}\right)^{0.9}$ +	Différences (idem) —	Différences entre les pressions déduites des ordonnées et celles qui résultent de la loi de Mariotte +	Différences (idem) —	Désignation des ordonnées	Contre-pressions dans le condenseur — Longueurs des ordonnées en millim.	Contre-pressions dans le condenseur — Pressions en kgr. par centim. carré	OBSERVATIONS
	m/m	kgr.	kgr.	kgr.						m/m	kgr.	
Admission y_1	77,5	4,064							y'_1	17,5	0,349	
y_2	77,5	4,064							y'_2	17,5	0,349	
y_3	77,5	4,064							y'_3	17,5	0,349	
Détente y_4	63.	3,497	3,449	3,387	0,048		0,110		y'_4	17,5	0,349	
y_5	40.	2,597	2,662	2,540		0,065	0,057		y'_5	17,5	0,349	
y_6	28,5	2,147	2,178	2,032		0,031	0,115		y'_6	17,5	0,349	
y_7	18.	1,737	1,835	1,693		0,098	0,044		y'_7	17,3	0,356	
y_8	12,8	1,534	1,609	1,451		0,075	0,083		y'_8	17,3	0,356	
y_9	8,5	1,365	1,427	1,270		0,062	0,095		y'_9	17,2	0,360	
y_{10}	4,8	1,220	1,283	1,129		0,063	0,091		y'_{10}	17,1	0,364	
y_{11}	1,8	1,103	1,167	1,016		0,064	0,087		y'_{11}	17,1	0,364	Limite de la détente pendant les essais de 1861.
y_{12}	0,1	1,037	1,071	0,924		0,034	0,113		y'_{12}	17,0	0,368	
y_{13}	— 1,2	0,986	0,990	0,847		0,004	0,129		y'_{13}	17,0	0,368	
y_{14}	— 2,2	0,947	0,922	0,781	0,025		0,166		y'_{14}	16,9	0,372	
y_{15}	— 3,2	0,908	0,862	0,726	0,046		0,182		y'_{15}	16,7	0,380	
y_{16}	— 4,7	0,849	0,810	0,677	0,039		0,172		y'_{16}	16,7	0,380	
y_{17}	— 5,5	0,818	0,764	0,635	0,054		0,183		y'_{17}	16,0	0,407	
y_{18}	— 6,2	0,791	0,724	0,598	0,067		0,193		y'_{18}	15,8	0,415	
y_{19}	— 7,4	0,744	0,687	0,564	0,057		0,180		y'_{19}	15,5	0,427	
y_{20}	— 7,8	0,728	0,655	0,530	0,073		0,198		y'_{20}	13,2	0,517	
y_{21}	— 8,5	0,700	0,625	0,508	0,075		0,192		y'_{21}	12.	0,564	
Sommes	. . . . . .	23,708	23,720		0,484	0,496					8,092	
Différences	. . . . . .	— 0,012			— 0,012					Moyenne	0,3853k	par c^{m^2} = 0^{a^m},373 = n_c

nouveaux diagrammes n'offrent plus de sinuosités à partir de l'ordonnée y_{11}, c'est-à-dire qu'ils présentent une grande exactitude précisément dans l'étendue qu'il nous importait d'étudier.

Comme les conclusions que nous tirerons de ces nouvelles données expérimentales sont extrêmement importantes, nous avons dû vérifier les résultats indiqués par les courbes par la formule du travail à laquelle conduit la relation :

$$\frac{p_n}{p_0} = \left(\frac{v_0}{v_n}\right)^\alpha$$

L'expression théorique du travail de la vapeur peut s'établir ainsi :

Le travail exercé sur le piston est la somme algébrique des trois travaux suivants :

1° Le travail tr_1 pendant l'admission, il a pour valeur $p_0\, v_0$;

2° Le travail recueilli pendant la détente, qui peut être déterminé comme suit :

Supposons le piston en un point de sa course pour lequel le volume engendré depuis l'origine est v' et la pression p'.

La différentielle du travail moteur sera :

$$d\,tr_2 = p'\,dv'\,;\ \text{donc}\ tr_2 = \int p'\,dv' = \int p_0 \left(\frac{v_0}{v'}\right)^\alpha dv'$$

$= p_0\, v_0 \dfrac{v'^{\,1-\alpha}}{1-\alpha} + C$, et en prenant l'intégrale entre les limites v_0 et v_n, on trouve :

$$tr_2 = \frac{p_0\, v_0}{1-\alpha}\left(v_n^{\,1-\alpha} - v_0^{\,1-\alpha}\right)$$

3° Le travail tr_3 de la contre-pression du condenseur, supposée constante, qui est : $p_c\, v_n$, donc :

T kilogrammètres par course de piston =

$$= p_0\, v_0 + \frac{p_0\, v_0}{1-\alpha}\left(v^{\,1-\alpha} - v_0^{\,1-\alpha}\right) - p_c\, v_n.$$

En introduisant dans cette formule le nombre de tours moyen par minute, le diamètre et la course du piston, le degré de la détente et les nombres d'atmosphères dans le cylindre et le condenseur, on trouve après quelques transformations une formule analogue à celle qui a été donnée page 43, ou :

$$Chx = 3{,}6\ K\ T\ d^2\ c\ \left(fn\left(1 + \frac{1}{1-\alpha}\,(f^{\,\alpha-1} - 1\right) - n_c\right).$$

En posant $K = 1$, T = au nombre de tours moyen pendant la semaine des essais, ou $T = 27{,}084$, $f = 0{,}125$, $n = \frac{4{,}064}{1{,}033} = 3^{atm}{,}934$ et $n_c = 0^{atm}{,}373$ qui représente la moyenne de la contre-pression du condenseur déduite de la courbe en question, la formule précédente donne 76,29 *chx*. La quadrature de la même courbe, par la méthode de M. Poncelet conduit, avec les mêmes conditions moyennes ci-dessus à 76,57 *chx*. La différence entre ces deux résultats ne s'élève qu'à 0,28 *chx*.

La loi de la détente étant ainsi vérifiée, il est permis de l'appliquer à la machine de M. Hirn, avec le degré de détente $f = 0{,}0851$ de la machine de MM. Wehrlin Hofer et Cie, car il n'est pas à supposer que les valeurs des pressions puissent offrir des anomalies entre les détentes 0,125 et 0,0851.

Pour déterminer le travail disponible sur l'arbre du volant dans les conditions moyennes de la semaine des essais de 1864, nous procéderons comme suit, en nous appuyant sur les résultats d'expérience acquis. La pression moyenne dans la chaudière était de $4^{atm}{,}489$ (voir le tableau de l'essai au frein), nous en retranchons la perte de pression entre la chaudière et le cylindre ou $0^{atm}{,}523$, p. 44, quant à la contre-pression moyenne du condenseur nous adopterons celle qui résulte des quatre courbes du tableau A; nous aurons ainsi en posant $K = 1$

$$Chx = 3{,}6\ K\ T\ d^{a}\ c \left(fn\ \left(1 + \frac{1}{1-\alpha}\ (f^{\alpha - 1} - 1\right) - n_c\right) =$$

$$3.6 \times 27{,}084 \times 0{,}605^{a} \times 1{,}702$$

$$\left(0.0851 \times 3{,}966\ \left(1 + \frac{1}{1-0{,}9}\ (0.0851^{0.9-1} - 1\right) - 0{,}305\right)$$

$$= 59{,}38\ chx$$

sur le piston.

Nous en déduisons la moyenne de la perte de travail pendant la marche sous charge et à vide, soit 10 *chx*, environ, et nous aurons pour le travail disponible sur l'axe de la transmission 49.38 *chx* *,

* En se reportant à ce que nous avons dit p. 42, au sujet du coefficient de réduction des indicateurs de Watt, on voit que nous favoriserions la machine de M. Hirn en ne retranchant pas une quantité sensiblement constante du travail donné par les courbes ou les formules.

au lieu de 106.7 *chx,* qui représentent la moyenne de la semaine des essais en 1864.

Mais si dans ces nouvelles conditions de détente le travail disponible diminue dans le rapport $\frac{106.7}{49.38} = 2{,}161$, la dépense de vapeur diminue dans le rapport des détentes $\frac{f}{f'} = \frac{0{,}2344}{0{,}0851} = 2{,}754$ (sauf l'influence des espaces nuisibles); donc les consommations moyennes en houille et en eau, par cheval et par heure, qui étaient de

1kg,265 de houille
et 9, 298 d'eau

ne s'élèveront plus qu'à

$\frac{1.265 \times 2.161}{2{,}754} = 0^{kg}{,}993$ de houille } par cheval et par heure.
et $\frac{9.298 \times 2.161}{2.754} = 7^{kg}{,}300$ d'eau }

Si nous comparons ces résultats à ceux de la machine de MM. Wehrlin, Hofer et Cie, nous voyons que la machine à vapeur surchauffée réalise une économie de

1,636 — 0,993 = 0kg,643 de houille et
12,403 — 7,300 = 5kg,103 d'eau, ou
39, 3 % de houille, et
41 % d'eau.

Mais il est juste de tenir compte d'un meilleur rendement aux chaudières de la machine de MM. Wehrlin Hofer et Cie. Le rendement que nous avons constaté s'élève à 7kg,586 d'eau évaporée par kilogramme de houille réduite à 10 % de scories. La surface de chauffe des deux chaudières qui alimentaient cette machine est de 96m² pour les deux chaudières réunies; les réchauffeurs offrent 73m². L'appareil évaporatoire complet présente donc 96 + 73 = 169m² pour environ 115 *chx.* La surface de chauffe totale est assez grande, mais la proportion entre la surface de chauffe de la chaudière et celle des réchauffeurs n'est pas rationnelle. Les chaudières sont trop grandes et les réchauffeurs trop petits.

Quoiqu'il en soit, il faut bien admettre la possibilité d'un meilleur rendement pour les chaudières à réchauffeurs convenablement disposées, mais quel chiffre faut-il choisir pour terme de comparaison?

Ici se présente une question très-embarrassante. En effet quelle est l'influence de l'eau entraînée sur le *rendement apparent en vapeur humide* d'une chaudière? Et faut-il admettre 8,25 et même 8,50 kgr d'eau évaporée par kilogramme de houille de Ronchamp à 10 °/₀ de scories? Ces chiffres ont positivement été atteints dans les essais de MM. Burnat et Marozeau (*Bulletin* de Juin 1863), mais nous voudrions pouvoir les discuter au point de vue de la quantité d'eau vésiculaire emportée par la vapeur. On a pu voir p. 62, quelle influence peut avoir sur le rendement une petite augmentation dans la proportion d'eau entraînée.

Avec de la houille de Ronchamp, laissant de 12 à 15 °/₀ de résidus non combustibles, il nous paraît bien difficile d'obtenir plus de 8 kilogrammes de vapeur suffisamment sèche, quand même les réchauffeurs offriraient une surface égale à 1 $^1/_2$ celle de la chaudière.

Une combustion très-vive dans le foyer, et un niveau élevé dans la chaudière, favorisent un rendement apparent plus élevé, mais il ne sera obtenu qu'au prix d'une augmentation de l'eau entraînée. Une pareille allure des chaudières est très-désavantageuse pour les moteurs.

Si nous admettons 8 kilogrammes de vapeur par kilogramme de houille brûlée, ce qui revient à augmenter le rendement des chaudières de la machine de MM. Wehrlin Hofer et Cie de 5 $^1/_2$ °/₀ environ, il n'est pas moins vrai que la machine à vapeur surchauffée offre encore une économie de 34 °/₀ de houille.

Il est nécessaire d'entrer dans quelques considérations très-importantes au sujet des lois de la détente auxquelles nous ont conduit les diagrammes. Certes les vérifications nombreuses auxquelles nous avons soumis les formules présentent un degré de précision qui laisse peu à désirer, mais les résultats auxquels nous ont conduit nos longues recherches sont loin de satisfaire aux formules théoriques, ou pour parler plus correctement, sont loin d'être les mêmes que ceux auxquels on arrive en déterminant les lois de la détente de la vapeur dans des appareils de physique construits de manière à ne troubler en aucune façon les phénomènes.

Ainsi MM. Hirn et Zeuner ont établi les équations qui rendent compte des lois de la détente pour les vapeurs saturées et surchauffées; M. Zeuner donne la formule :

$$\frac{p_n}{p_0} = \left(\frac{p_0}{v_n}\right)^{1.333} *$$

pour la vapeur surchauffée, dans la supposition que la vapeur n'atteint pas le point de saturation et que la détente a lieu sans addition ni soustraction de chaleur externe. D'un autre côté dans un travail expérimental fait en commun (*Annales de Physique et de Chimie*, 4e série, t. X). MM. Hirn et Cazin ont trouvé que la formule :

$$\frac{p_n}{p_0} = \left(\frac{v_0}{v_n}\right)^{1.31}$$

répond à la réalité des phénomènes, pourvu que la détente s'opère assez vite pour que la vapeur ne reçoive pas une quantité sensible de chaleur en changeant de volume et de pression. Mais cette condition expresse n'est pas remplie dans la machine à vapeur, où, comme le montre M. Hirn, il s'opère des échanges énergiques de chaleur entre la vapeur et les parois du cylindre. Il n'y a donc aucune contradiction entre les équations que nous avons trouvées, par une voie en quelque sorte toute *pratique*, et celles auxquelles sont arrivés MM. Zeuner, Hirn et Cazin. Ces équations s'appliquent de fait à des phénomènes physiques très-différents. Les considérations suivantes feront ressortir encore mieux l'exactitude de notre assertion.

Pendant tout le temps que le cylindre est en communication avec le condenseur, il s'y fait un mélange de vapeur surchauffée et

---

* Voir : Theorie der überhitzten Dämpfe, Gustav Zeuner. Zeitschrif des Vereines deutscher Ingenieure. Band XI, Heft I, et l'ouvrage récent de M. Charles Combes : *Exposé des principes de la théorie mécanique de la chaleur.*

de vapeur humide. Les espaces nuisibles et l'intérieur du piston lui-même se remplissent de cette vapeur que nous avons négligée.

D'un autre côté les frottements du piston et du presse-étoupes de sa tige consomment un travail assez considérable; nous l'estimons au moins à 2 $^1/_2$ chevaux, d'après les observations comparatives de la machine de M. Hirn, et de celle de mêmes dimensions à deux cylindres dont nous avons parlé dans la note de la page 41; les 2 $^1/_2$ *chx*, ou $2,5 \times 75 = 187,5$ kilogrammètres par seconde, développent à la vitesse moyenne de 27 tours par minute $\frac{187.5}{424} \times \frac{60}{2 \times 27} = {}^1/_2$ calorie environ par coup de piston, dont profite en partie le poids de vapeur surchauffée qu'il faut par cylindrée; ce poids de vapeur était de 313 gr., page 62, avec $f = 0,2344$, il ne s'élève donc qu'à $\frac{313 \times 0,0851}{0,2344} = 114$ grammes, avec $f = 0,0851$ en négligeant les espaces nuisibles; c'est-à-dire que la demi-calorie correspond à $\frac{0,5}{0,114} = 4\,^1/_2$ calories environ par kilogramme de vapeur. Cette quantité de chaleur est capable d'élever la température de la vapeur de $\frac{4\,^1/_2}{0,475} = 10^{\circ}$ environ*.

Ces chiffres font voir que le calorique dû au travail des frottements du piston et de sa tige, tout minime qu'il peut paraître, exerce une influence sensible sur la loi des pressions pendant la détente, et que cette influence est d'autant plus grande que le volume de vapeur admis par coup de piston est plus petit.

La comparaison entre la machine à vapeur surchauffée et les machines du système de Woolf peut s'établir ainsi:

Les calculs précédents et les vérifications auxquelles ils ont été soumis, établissent que la loi des pressions pendant la détente n'est nullement défavorable à la vapeur surchauffée; dans les machines à vapeur saturée, à deux cylindres et à enveloppe de vapeur, qui ne

---

* Si nous avions au contraire 114 grammes de vapeur saturée avec 5 % d'eau entraîné les $4\,^1/_2$ calories par kgr. de vapeur devraient avant tout évaporer 50 grammes d'eau à 149°. Ces 50 gr. d'eau exigeraient $0,050\,(652-149) = 0,050 \times 500$ environ $= 25$ calories, c'est-à-dire que les $4\,^1/_2$ calories ne suffiraient pas à l'évaporation du $^1/_5$ de l'eau entraînée.

détendent que dans le grand cylindre, cette loi est moins avantageuse, d'après ce que nous avons dit dans la note de la page 34.

A égalité de *volume de vapeur* dépensé sous des détentes identiques, la machine de M. Hirn fournira un travail disponible, sur le piston, au moins égal à celui que donnent les meilleures machines alimentées par de la vapeur saturée, et de plus elle conserve tout l'avantage provenant de la dilatation de la vapeur par la surchauffe.

La surchauffe n'exclut d'ailleurs aucun des perfectionnements que l'on pourra appliquer aux machines à vapeur saturée.

Il est facile d'expliquer l'économie très-notable qu'offre la vapeur surchauffée.

Il a été prouvé que la chaleur exigée pour surchauffer la vapeur de 150 à 240° est très-faible, et qu'en définitive elle n'a que peu d'influence sur le rendement de la chaudière en vapeur humide. Le rendement de la chaudière à réchauffeurs de MM. Wehrlin, Hofer et Cie, est d'ailleurs égal à 7,586 en vapeur humide, celui de la chaudière de M. Hirn est de 7,351 en vapeur sèche, et les calculs exposés plus haut ont établi que le dernier rendement, ramené à ce qu'il eût été en vapeur humide, diffère peu de celui de la chaudière de MM. Wehrlin, Hofer et Cie.

Sous ce rapport nous nous trouvons donc dans des conditions favorables pour établir une comparaison tout-à-fait sûre.

Part d'influence de la surchauffe.

Examinons maintenant l'influence de la surchauffe.

La théorie mécanique de la chaleur a fait des progrès extraordinaires depuis quelques années, grâce aux travaux de savants distingués, et il y a longtemps que cette partie admirable des sciences physiques s'est imposée avec autorité dans toutes les recherches scientifiques.

Mais nous n'entendons pas sortir du domaine exclusivement expérimental, et si nous employons une formule pour déterminer l'accroissement de volume de la vapeur dû à la surchauffe, nous tenons à ce qu'il soit bien établi que la relation suivante est une formule empirique déduite de nombreuses expériences, dont elle rend compte avec beaucoup d'exactitude; en même temps elle est l'expression rationnelle des principes de la théorie mécanique de la chaleur*.

p, étant la pression de la vapeur exprimée en atmosphères.

u, le volume d'un kilogramme de vapeur surchauffée en mètres cubes, diminué de celui de l'eau dont elle provient supposée à la même température et soumise à la même pression que la vapeur.

$t + 273^o$ la température absolue de la vapeur surchauffée;

on a :

$$p = 0{,}004732 \frac{t + 273^o}{u} - 0{,}9246 \, (1 + 0{,}3535 \sqrt{u}) \frac{1}{u\sqrt{u}};$$

pour ne pas compliquer inutilement les calculs, on a négligé dans la quantité u le volume relatif à l'eau.

Appliquons cette formule aux moyennes de la semaine, en posant $p = 4^{atm},489$, $t = 222{,}75$ et $t + 273^o = 496$, elle donnera $u = 0^{m^3},485$.

On trouve dans l'ouvrage de M. Zeuner, Grundzüge der mechanischen Wärmetheorie, zweite Auflage, Tabelle 10, que le volume d'un kilogramme de vapeur saturée est de $0^{m^3},400$ environ à $4^{atm},489$, donc la surchauffe a dilaté les 400 litres de vapeur saturée, et a porté ce volume à 485 de vapeur à $222^o,75$, et à la même pression de $4^{atm},489$; l'avantage de la surchauffe est donc de $\frac{85}{400}$ $= 0.21 \, ^1/_4$ %. Mais il est plus grand en pratique, car la vapeur produite dans les générateurs renferme de l'eau entraînée; admettons seulement $4 \, ^1/_2$ %, chiffre qui n'est pas exagéré, de sorte que 1 kilogr. d'eau ne donne pas 400 litres de vapeur à $4^{atm},489$, mais $(1{,}000 - 0{,}045) \, 400 = 382$ litres, en négligeant le volume occupé par l'eau vésiculaire, et l'avantage de la surchauffe est réellement de

$$\frac{485 - 382}{382} = \frac{103}{382} = 27 \, \%.$$

Cet avantage est-il trop chèrement acheté? Nous ne le croyons

---

* G. A. Hirn. *Théorie mécanique de la chaleur*, 1re partie, 2e édition.

pas d'après ce qui a été établi dans un des paragraphes précédents.

On peut d'ailleurs se rendre compte très-facilement de l'avantage de la surchauffe par une autre comparaison. 1 kilogr. de vapeur sèche à $4^{atm},489$ et à 149° exige pour être surchauffé jusqu'à $222^{o},75$ une somme de chaleur égale à :

$$1 \times 0.475\ (222^{o},75 - 149) = 33,2 \text{ calories},$$

et cette quantité de chaleur est capable de produire un poids de vapeur saturée $= \frac{35,2}{652} = 0,054$ kilogr. a environ $4^{atm},489$ (l'eau d'alimentation étant à 0°), mais par la surchauffe on gagne, comme on vient de le voir, au moins 85 litres de vapeur, tandis que les 0,054 kilogr. de vapeur saturée n'en produisent que

$$0,054 \times 400 = 21,6 \text{ litres},$$

soit environ le quart du volume précédent.

Il y a donc avantage à surchauffer la vapeur autant que le permettent les ajustements du cylindre, du tiroir et des presses à étoupes.

La pratique a conduit M. Hirn à ne pas dépasser 240°, mais il est indispensable de protéger avec le plus grand soin les tuyaux de conduite et le cylindre lui-même contre le refroidissement extérieur.

Ainsi, en admettant une perte de 30° de $222^{o},75$ à $192^{o},75$, le volume de la vapeur surchauffée tomberait de 485 à 452 litres, on perdrait ainsi un volume de $485 - 452 = 35$ litres sur 485, soit $\frac{35}{485} = 7,22$ °/o sur le volume, et à peu près autant sur le travail; mais l'avantage de la surchauffe est réduit dans le rapport $\frac{35}{85} = 41,2$ °/o.

§ VII. *Entretien de la machine et renseignements pratiques.*

Il reste à examiner la machine au point de vue pratique et de l'entretien. On a vu plus haut qu'elle ne diffère des machines à vapeur ordinaires que par le cylindre, la distribution par quatre

tiroirs, et les dispositions qui ont été adoptées pour éviter le refroidissement de la vapeur.

La construction du piston a présenté quelques difficultés qui ont été heureusement surmontées, et le graissage du cylindre a été ramené depuis l'époque des essais à ce qu'il est dans les machines de mêmes dimensions, qui emploient la vapeur à l'état de saturation.

La valeur pratique des machines à vapeur surchauffée est suffisamment établie par les renseignements suivants :

MM. Haussmann, Jordan, Hirn et Cie ont fait transformer successivement leurs quatre machines à balancier ou à mouvement direct, en vue de l'application de la surchauffe, et ont fait construire une machine neuve sur le même principe. Toutes ces machines sont abandonnées aux soins de chauffeurs ordinaires, et n'ont jamais donné lieu à des chômages provenant de la surchauffe. En d'autres mots, ces cinq moteurs se trouvent depuis six ou huit ans dans des conditions de marche industrielle, et réalisent des économies notables de combustible.

M. W. Grosseteste a bien voulu nous communiquer les renseignements suivants relatifs à une machine à vapeur surchauffée de l'établissement de MM. Dollfus-Mieg et Cie. Nous nous empressons d'insérer la lettre que voici :

Lettre de M. Grosseteste, ingénieur de la maison Dollfus-Mieg et Cie.

« Dornach, le 13 Mai 1867.

« Monsieur,

« Je m'empresse de vous envoyer quelques renseignements sur « l'appareil de surchauffe employé chez MM. Dollfus-Mieg et Cie « depuis 1856.

« Nous avons eu souvent l'occasion d'entendre émettre des « doutes au sujet de la valeur pratique de cet appareil ; beaucoup « de personnes voient dans l'adjonction d'une spire de surchauffe « à la chaudière une source d'embarras, de fuites, de répara-

« tions, etc. On se demande si le graissage du piston de la ma-
« chine ne sera pas plus dispendieux, si les garnitures tiendront
« aussi bien et aussi longtemps que dans les machines à vapeur
« ordinaires; les cendres ne viendront-elles pas souvent obstruer
« les carneaux et gêner le tirage, etc.?

« L'occasion que présente le travail que vous faites sur la ma-
« chine à surchauffe de M. Hirn, nous fait presque un devoir de
« signaler ce que nous avons pu remarquer dans l'emploi de cette
« vapeur. Depuis onze ans, il existe chez MM. Dollfus-Mieg et Cie
« un appareil de surchauffe établi par M. Hirn, il se compose de
« deux groupes de tuyaux en fonte, placés chacun dans une
« chambre de maçonnerie en dehors du local des chaudières et de
« plein pied avec le sol extérieur. Chaque groupe est composé de
« 24 tuyaux superposés en 6 étages; une communication réunit
« les deux groupes par la partie inférieure, et la vapeur entrée par
« la partie supérieure de l'un s'échappe par la partie supérieure
« de l'autre. Les tuyaux employés ont 2m,012 de longueur,
« 155 m/m de diamètre intérieur, et 200 m/m de diamètre exté-
« rieur. La longueur totale de la conduite exposée aux gaz chauds
« est de 113m,84, tandis que la longueur comptée des chaudières
« à la machine est de 149m,84 environ. La surface de chauffe est
« de 71m²,528 si on considère le diamètre extérieur, et seulement
« de 55m²,43 en prenant la surface intérieure; le volume en est de
« 2m³,146.

« L'ensemble de l'appareil présente environ 115 joints dont 98
« sont dans la circulation de fumée. Ces joints sont formés d'un
« anneau de cuivre rouge, dont la section a la forme d'un losange,
« et qui est fortement comprimé par des boulons de serrage dans
« une rainure pratiquée dans chaque bride.

« Depuis onze ans que cet appareil fonctionne continuellement,
« ces nombreux joints n'ont occasionné aucune fuite; seuls les
« joints placés à la réunion des deux groupes de tuyaux ont donné
« lieu à quelques rares réparations, provenant presque toujours,
« comme dans toutes les conduites où circule un fluide à une

« température élevée, de ce que la dilatation était gênée : cet « inconvénient fut d'ailleurs très-facilement écarté par l'emploi de « coudes en cuivre.

« La vapeur surchauffée dans cette double spire alimente une « machine du type J.-J. Meyer, de la force effective de 200 che- « vaux environ, à deux cylindres verticaux dont le diamètre est de « 0m,800 et la course 1m,500 : le nombre de tours est 22.

« Aucune modification n'a été apportée à sa construction : les « pistons ont une garniture ordinaire composée de deux anneaux « avec coin de serrage. Ils sont graissés avec du suif, et la con- « sommation moyenne par mois depuis 1859 à 1866 a été de « 29 kilogrammes.

« Or deux machines du même type, mais à un seul cylindre, « existent aussi chez MM. Dollfus-Mieg et Cie ; elles font chacune « environ 50 chevaux ; elles sont sans surchauffe ; le diamètre des « cylindres est de 0m,560 et la course 1m,260 pour chacune d'elles, « mais l'une fait 28 1/2 tours et l'autre 33 1/2.

« Si nous comparons la surface développée pendant une minute « par le piston dans chacune de ces trois machines, nous voyons « que dans celle à vapeur surchauffée, elle est de. . . 165m²,85 « et dans les deux autres ensemble . . . . 130m²,88 « cette dernière est de 21 % inférieure à la première. Si la tem- « pérature de la vapeur influait sur le graissage d'une manière « sensible, la consommation en suif devrait être beaucoup plus « forte dans la machine à surchauffe que dans les deux autres « ensemble : or pendant que la machine de 200 chevaux consom- « mait 29 kgr de suif par mois, les deux machines à vapeur satu- « rée en consommaient 26 kgr : soit une différence de 10 %.

« De ces chiffres résulterait une économie en faveur de la ma- « chine à surchauffe, si on pouvait les prendre comme absolus : « quoiqu'il en soit, s'ils n'établissent pas une économie, ils prou- « vent du moins d'une façon péremptoire qu'il n'y a pas augmen- « tation de consommation ; et il faut bien remarquer que ces « chiffres résultent d'une marche pratique de six années entières.

« La durée de la garniture de la tige du piston est sensiblement « la même dans les trois machines; il en est autrement pour celles « placées sur la boîte de détente, elles durent moins longtemps « dans la machine à vapeur surchauffée. Ceci s'explique facilement, « puisque dans cette boîte la température de la vapeur est cons- « tamment à son maximum (environ 240°) tandis que dans le « cylindre où il y a détente et condensation, la température « moyenne est beaucoup plus basse.

« Ces garnitures sont faites simplement de vieilles cordes en « coton; sur le cylindre elles durent environ deux mois, jusqu'au « moment où elles doivent être refaites à neuf : cette durée dépend « évidemment beaucoup de l'état de la boîte à étoupes, de la tige « du piston, etc.

« Il existe sur la chaudière des robinets-valves permettant de « supprimer à volonté la circulation dans la spire de surchauffe : « ces appareils ne demandent pas pour leurs garnitures plus de « soin que ceux placés sur des conduites contenant de la vapeur « ordinaire.

« L'obstruction des carneaux de surchauffe par les cendres ne « s'est jamais présentée; cependant elles ne sont extraites que tous « les six mois, et souvent déjà le nettoyage n'a été fait qu'après un « intervalle de dix mois.

« Cette opération n'offre rien de compliqué ni d'embarrassant : « le samedi après-midi on arrête la circulation de vapeur et de « fumée au moyen de valves et de registres établis pour cela, et le « dimanche matin on peut pénétrer dans les chambres de maçon- « nerie sans plus de difficultés que dans les carneaux d'une chau- « dière. En quelques heures les cendres sont enlevées, les ouver- « tures refermées et l'appareil est prêt à fonctionner de nouveau : « l'opération est d'ailleurs grandement facilitée par la position à « fleur du sol des tubes inférieurs.

« De ces faits résulte d'une façon bien évidente que l'emploi de « la surchauffe n'entraîne aucune complication, aucun embarras, « et que son usage est essentiellement pratique.

« Reste la question d'économie de combustible; sur ce point « nous regrettons de ne pouvoir donner aucun chiffre précis, « n'ayant jamais fait d'expériences concluantes à ce sujet. Nous « savons seulement que l'arrêt de la surchauffe entraîne toujours « une augmentation très-sensible de consommation et qu'on n'ar- « rive à maintenir une bonne marche de la machine qu'en em- « ployant la meilleure qualité de houille. Ce fait peut s'expliquer « en partie par ceci, que la surface de chauffe totale de 4 géné- « rateurs est de 182$^{m^2}$ environ pour alimenter une machine de « 200 chevaux, la production de vapeur et par suite la consom- « mation de combustible sont donc d'autant plus exagérés que le « volume de vapeur produit par le même poids d'eau diminue.

« Signé : W. GROSSETESTE. »

Aux renseignements qui précèdent, nous ajoutons ceux que M. Scheller, directeur de la filature de coton de Bulach (canton de Zurich) a bien voulu nous communiquer.

Cette filature est mue depuis deux ans par une machine à vapeur surchauffée.

Nous nous bornerons à relever dans la lettre de M. Scheller la phrase suivante : « Depuis deux ans je n'ai pas eu à constater « d'inconvénients dans le fonctionnement de notre machine, et « quand même il s'en présenterait par la suite, ils ne seraient pas à « prendre en considération à côté des avantages qu'offre l'emploi « de la vapeur surchauffée. »

Il conviendrait encore de parler ici des fuites autour du piston. Nous avons étudié cette question importante sur la machine de M. Hirn, sur celle de MM. Wehrlin, Hofer et Cie, et plus récemment, sur plusieurs autres. Il y a de sérieuses économies à réaliser de ce côté. La perte de vapeur provenant des fuites est très-considérable. Au premier abord, nous avons cru que la vapeur surchauffée, moins dense et plus subtile que la vapeur saturée, doit favoriser ces fuites; il n'en est pas ainsi, d'après des comparaisons de la machine de M. Hirn avec plusieurs autres. Cette question est très-épineuse, et de nouvelles et longues recherches sont nécessaires pour la traiter en connaissance de cause. Nous appelons, en attendant, la sérieuse attention des constructeurs sur ce point, en nous proposant de revenir bientôt sur cette partie de nos observations.

Espérons que l'industrie profitera bientôt des avantages que présente l'emploi de la vapeur surchauffée. Il est à notre connaissance que l'application de la surchauffe s'est beaucoup répandue, dans ces dernières années, en Allemagne et en Angleterre.

Je suis heureux, Messieurs, d'avoir eu à constater le beau succès de M. Hirn, et vous vous joindrez avec plaisir à moi, pour lui adresser de bien sincères félicitations.

G. Leloutre.

Guebwiller, Novembre 1866.

ERRATA.

Page 29, 4e ligne en remontant, au lieu de : ω lisez : $\omega_{''}$

Tableau A, au lieu de : $\frac{1}{14}$ pour le maximum d'erreur relative lisez : $\frac{1}{140}$

Tableau B, dans la 6e colonne, au lieu de : *tu* lisez : *Tu*.

Page 52, 1re ligne, au lieu de : § V lisez : § VI.

P. 62, 13e l. en remontant, au lieu de : 7.351 × 14.5 lisez : 7.351 × 0,145.

Tableau du lundi, dernière colonne, Eau totale évaporée, au lieu de : 11862.42 lisez : 11873,1.

Dernier tableau, Essai au frein, 12e colonne, à la place du 1er nombre : 1o45 lisez : 14o5.

Page 41, ligne 4 en remontant lisez page 29 au lieu de 177.
Page 47, ... 22 .... lisez page 43 au lieu de 191.
Page 48, ... 14 .... lisez page 28 au lieu de 176.
Page 49, ... 18 .... lisez page 29 au lieu de 175.
Page 52, ... 21 .... lisez page 12 au lieu de 160.
Page 69, ... 5 en remontant lisez page 56 au lieu de 204.

MULHOUSE. — IMP. DE L. L. BADER.

ESSAIS

de la machine à vapeur surchauffée de MM. Haussmann, Jordan, Hirn & Cie, au Logelbach

Lundi 12 Septembre 1864

Numéros des observations	Heures des observations	TOURS — Nombres du compteur	TOURS — Différences	TOURS — Nombre de tours de la machine par minute	PRESSIONS — Pressions dans la chaudière	PRESSIONS — Pressions dans le condenseur, en cent. de mercure	PRESSIONS — Pressions dans le condenseur, en atm.	EAU — Niveau dans la chaudière	EAU — Nombre de coups	EAU — Commencement de l'alimentation	EAU — Fin de l'alimentation	EAU — Température de l'eau à l'entrée des réchauffeurs	EAU — Température de l'eau à la sortie des réchauffeurs	EAU — Eau du condenseur à l'entrée	EAU — Eau du condenseur à la sortie	VAPEUR — Température de la vapeur à la sortie de la surchauffe	VAPEUR — Température de la vapeur à l'entrée du cylindre	VAPEUR — Verre par rayonnement	FUMÉE — Température de la fumée à l'entrée de la surchauffe	FUMÉE — à la sortie des surchauffe	FUMÉE — à l'entrée des réchauffeurs	FUMÉE — à la sortie des réchauffeurs	Température de l'air extérieur	HOUILLE — Poids	HOUILLE — Charges premières	HOUILLE — Charges dernières	OBSERVATIONS
	5																										
1	5 30	306			4.159				1°	5h25		21°4	55								180			400		5h40	A 4 h. du matin le foyer a été complètement nettoyé et débarrassé de la houille, des scories et des cendres. Allumé le foyer à 4 h. 53 m. Pour l'allumage on a employé 35 kgr. de chutes de sapin et 5 kgr. de copeaux de menuisier. Mise en marche à vide à 5 h. 13. Mise en marche sous charge à 5 h. 34 m. 15 s. Le chauffeur mouille fortement la houille pendant toute la durée des essais.
2	5.45	651	345	23.00	4.253	9.0	0.1183				5h46		38								201			300		8.15	
3	6	1049	398	26.53	4.356	8.8	0.116	+ 72	2°	6.09		20.9	38				179				201						
4	6.15	1421	372	24.80	4.393						6.26		38				192				201						
5	6.30	1819	398	26 53	4.440								90				206				244						
6	6.45	2220	401	26.66	4.421				3°	6.47		20.2	88		31.55		214				196						
7	7	2604	384	25.60	4.356	8.5	0.112	120			7.05		81	15°	36.55		218				211						
8	7.15	3008	404	26.93	4.478								77	14.5	33.55		223				227						
9	7.30	3412	404	26.93	4.506			80	4°	7.34		19.9	74.5		31.55		221				206						
10	7.45	3821	409	27.26	4.393						7.50		73	15	34.05		218				185						
11	8	4430	409	27.26	4.412	8.5	0.112	105	5°	8.13		19.9	67.5	14.5	34.05		220				211		14°5				
12	8.15	4636	406	27.06	4.393						8 30		67.5	14.5	34.05		221				198			300			
13	8.30	5043	407	27.13	4.243	8.5	0.112	150					60 5	14.5	32.55		224				222						
14	8.45	5447	404	26.93	4.440	8.5	0.112		6°	8.54		19.9	57	15	34.05		229				230	130°					
15	9	5857	410	27.33	4.393	8.5	0.112	150			9.10		60.5	15	34.55		227				176						
16	9.15	6264	407	27.13	4.534			175					55	15	34 55		228				228		12.4				
17	9.30	6729	465	27.39	4.581	8.5	0.112	120					53.5	15	34.55		226				218						
18	9.45	7074	345	26.53	4.496			85	7°	9.48		19 9	53.5	14.5	34.05		223				208	115	12.5				
19	10	7465	391	26.06	4.403	8.5	0.112	160			10.05		56	14.5	34.05		222				201						
20	10.15	7876	411	27.40	4.581	8.5	0.112		8°	10.25		19.8	54	15	34.55		227					123		300			
21	10.30	8288	412	27.46	4.421	8.5	0.112	180			10.42		56.5	14.5	34.05		226										
22	10.45	8699	411	27.40	4.571	8.5	0.112						53	15	34.55		230										
23	11	9109	410	27.33	4.656			147	9°	11.01		19.4	52.5	14.5	35.55		231.5						18.8				
24	11.15	9520	411	27.40	4.374	8.4	0.1102				11.18		52	14.5	33.55		230				201	123					
25	11.30	9929	409	27.26	4.206	8.5	0.112	150					51.5	15	33.55		233				222	122					
26	11.45	10390	461	27.35	4.112	8.5	0.112	170	10°	11.43		19.4	55.5	15	30.05		229				227						
27	11h56'20"	10630	240		4.229			165					52								216						Arrêt à 11 h. 56 m. 20 s.
28	1	10911			4.393	9.2	0.121				1.12						203						17.5	300			Mise en marche à vide à 12 h. 49 m. 20 s. Mise sous charge à 12 h 52 m. 52 s.
29	1.15	11316	405	27.00	4.487	9.2	0.121										222				209						
30	1.30	11709	393	26.20	4.656			165					60	15	39.55		228				222						
31	1.45	12119	410	27 33	4.562	9.0	0.1183		11°	1.42		17 4	65				225				170	123					
32	2	12527	408	27.20	4.421	9.0	0.1183	210			2.01		63	15	38.55		227				209						Constaté l'allongement du cordon du manomètre.
33	2.15	12937	410	27.33	4.656	9.0	0.1183		12°	2.26		18.2	62	15	39.55		228				216						
34	2.30	13340	403	26.86	4.534	8.7	0.1145	170			2.44		66	15	38.55		223				190		17.5				
35	2.45	13748	408	27.20	4.590								63	14.5	39.55		223				227						
36	3	14157	409	27.26	4.581	9.4	0.124	145	13°	3.11		18.4	61.5	14.5	39.55		221				203	110					
37	3.15	14567	410	27.33	4.543	9.0	0 1183				3.27		64	14.5	39 55		216				154						
38	3.30	14971	404	26 93	4.646	8.7	0.1145	175					58.5	14.5	39.55		218				228						
39	3.45	15380	409	27.26	4.675				14°	3h52'30"		18.4	57.5	15	39.55		221				211	118					On entoure le tuyau d'alimentation de terre glaise.
40	4	15788	408	27.20	4.432	9.0	0.1183	170			4.10		58	15	38.55		220				187						
41	4.15	16197	409	27.26	4.450								54.5	15	37.55		226				227	130					
42	4.30	16606	409	27.26	4.675	9.0	0.1183		15°	4.32		18.4	57	15	39.55		233				189	123		200		5.50	
43	4.45	17018	412	27 46	4.581	8.7	0.1145	220			4.49		53	14.5	38.55		236				224		15.5				
44	5	17427	409	27.26	4.788			180	16°	5.13		18.4	53	15	38.55		240				266						
45	5.15	17826	399	26 60	4.675						5.30		55.5	15	39.55		234				188		14.8				
46	5.30	18238	412	27.46	4.543	9.0	0.1183	230					51.5	15	38.05		233				232						
47	5.45	18644	406	27.06	4.571	8.8	0.116						52.5	15	38.05		232				259						
48	6	19035	391	26.06	4.628	9.0	0.1183	140	17°	6.02		18.9	54.5	14.5	38.55		235				232	142					
49	6.15	19433	398	26.53	4.093						6h20'30"		56	15	36.05		221				247						
50	6.30	19844	411	27.40	3.924	8.2	0.108	160					52	15	33.05		219				242						Arrêt à 6 h. 34 m. 52 s.
	6.34	29034																									
Sommes...					222.974			3994	17			328.8	2828.5	585.5	1507.5		10481.5				9724	1359	123.5	1800			Consommation d'huile de la journée.... kgr. 0,5 / Id. de suif. » 2,4
Moyennes..					4.459		0.1020	153.61				19.34	58.92	14.64	35.88		223				211.309	123.54	15.45				

NB. On n'a pas relevé les températures avec autant de précision que semblent l'indiquer les fractions de degrés portées dans ce tableau et les suivants. Ces fractions proviennent des corrections faites d'après la comparaison de tous les thermomètres employés pendant les essais.

RÉSUMÉ.

Matin :

			Compteur.
Mise en train	à vide . . .	5h13'00"	T
	sous charge .	5h34'15"	370
Arrêt	sous charge .	11h56'20"	10630
	à vide . . .		

Soir :

Mise en train	à vide . . .	12h49'20"	T 10650
	sous charge .	12h52'52"	10720
Arrêt	sous charge .	6h34'52"	20034
	à vide . . .		

Nombre d'heures de marche :

Sous charge. . . . . = 12h04'05"
A vide . . . . =

Tours par minute . . . . = 27.0328

Par jour sous charge . . . . . = 19574
A vide . . . . = 561

Pressions moyennes :

Dans la chaudière . . . . . . = 4.4595
Dans le condenseur. . . . . . = 0.1020

Niveau d'eau :

Lundi matin. . . . . = + 45
Mardi matin. . . . . = +130
Différence à retrancher . . . = 85 m/m.

Eau injectée :

Dans la chaudière à 0° et 4m. . = 12426.35
Totale évaporée 11862.45

Houille. . . . . = 1800 kgr.

de la veille . . . . 0 »
Coke à 80 % de houille. . . . 0 »
Reste 107 k. coke à 80 % de houille = 85.6

1714.4

Houille brûlée

correspondant à 10 % de scories = 1648 22

ESSAIS

de la machine à vapeur surchauffée de MM. Haussmann, Jordan, Hirn & Cie, au Logelbach.

Mardi 13 Septembre 1864.

Numéros des observations	Heures des observations	TOURS – Nombres du compteur	TOURS – Différences	TOURS – Nombre de tours par minute de la machine	PRESSIONS – Pressions dans la chaudière	PRESSIONS – Pressions dans le condenseur, en cent. de mercure	PRESSIONS – en atm.	EAU – Niveau dans la chaudière	EAU – Nombre de cuves	EAU – Commencement de l'alimentation	EAU – Fin de l'alimentation	EAU – Température de l'eau à l'entrée des réchauffeurs	EAU – Température de l'eau à la sortie des réchauffeurs	EAU – Eau du condenseur à l'entrée	EAU – Eau du condenseur à la sortie	VAPEUR – Température de la vapeur à la sortie de la surchauffe	VAPEUR – Température de la vapeur à l'entrée du cylindre	VAPEUR – Perte par rayonnements	FUMÉE – Température de la fumée à l'entrée de la surchauffe	FUMÉE – à la sortie de la surchauffe	FUMÉE – à l'entrée des réchauffeurs	FUMÉE – à la sortie des réchauffeurs	Température de l'air extérieur	HOUILLE – Poids	HOUILLE – Charges premières	HOUILLE – Charges dernières	OBSERVATIONS
	5																										
1	5.33'15"	299			4.458																			300		5h30	
2	5.45	606	307	26.21	4.533	9.5	0.125																	400		8.15	Allumé le foyer à 4 h. 02 m. Pour l'allumage on emploie 30 kilog. de chutes de sapin. Le cordon du manomètre s'est allongé de 125 m/m.; on le règle avant la mise en train. Mise en train à vide, à 5 h. 15 m. 20 s. Mise en train sous charge à 5 h. 33 m. 15 s.
3	6	1011	405	27	4.515	9.0	0.118	+ 110	1e	6.3'50"		19°1	78	11.5	36.55		188			334	263	137					
4	6.16	1441	430	26.87	4.533						6h21		80.5	11.5	36.55		198				284		11°				
5	6.30	1822	381	27.21	4.458	9.0	0.118	145					80	11.5	36.05		198				213						
6	6.45	2230	408	27.20	4.580				2e	6.53.20		18.4	78	11.5	36.55		197				226						
7	7	2640	410	27.33	4.552	8.6	0.113	95			7.11		86	11.5	36.55		196				185						
8	7.15	3050	410	27.33	4.486	9.0	0.118						86		36.55		197				222			300		10.28	
9	7.30	3460	410	27.33	4.486	8.8	0.116	105	3e	7.30		17.4	85		36.05		199				154						
10	7.45	3868	408	27.20	4.486						7.49		80.5		36.55		206				216						
11	8	4278	410	27.33	4.533	9.0	0.118	100	4e	8.9.15		17.2	78		36.55		215				222						
12	8.15	4689	411	27.40	4.552						8.26.40		76		35.55		217				201						
13	8.30	5098	409	27.26	4.627			120					66.5		36.55		223		641		232	123					
14	8.45	5508	410	27.33	4.515				5e	8.50		16.9	67.5		35.05		225				201	120	17°				
15	9	5916	408	27.20	4.486	8.8	0.116	150			9.12		58		34.55		226			341	216						
16	9.15	6328	412	27.46	4.580								57.5		35.05		230.5				224						
17	9.30	6735	407	27.13	4.589			90	6e	9.43.30		17.4	59.5		35.55		228				209						
18	9.45	7145	410	27.33	4.515						10		59.5		35.55		224.5				228						
19	10	7553	408	27.20	4.533	8.5	0.112	140					54.5		35.05		224		556		215	110					
20	10.17	8019	466	27.41	4.533	8.7	0.115		7e	10.22		17.4	55.5		35.55		222				197						
21	10.30	8374	355	27.30	4.440	8.5	0.112	135			10.40		54		34.55						185			300		1.15	
22	10.45	8783	409	27.26	4.533								51.5		34.55						240						
23	11	9193	410	27.33	4.589	8.7	0.115	90	8e	11.0.20		17.4	55		35.55		228				237						
24	11.15	9602	409	27.26	4.674						11.17.50		50.5		33.05		227				196						
25	11.31	10040	438	27.31	4.345	8.5	0.112	130	9e	11.38.20		17.4	51.5		34.05		230.5				238						
26	11.45	10422	382	27.28	3.971	8.0	0.105	140			11.54.20		51.5		32.55		230			389	196	132.5					
27	11.56'55"	10740	318	26.50	3.408			120							31.55												
28	1	11000			4.393	9.0	0.118	155					58.5	11.5	38.55		212				185						
29	1.15	11409	409	27.26	4.477	8.7	0.115		10e	1.24.55		18.2	58.5	11.5	38 55		227				206			300		4.45	Vérifié le manomètre.
30	1.30	11817	408	27.20	4.345	8.7	0.115	150			1.42		60	11.5	37.55		233.5				211	128					
31	1.45	12226	409	27.26	4.533	8.5	0.112						59.5		37.55		232		611		242	130					
32	2	12636	410	27.33	4.580	8.4	0.110	120	11e	2.8.10		17.9	60		38.55		226				237		16°				
33	2.15	13045	409	27.26	4.345						2.26.10		62.5		38.55		214				196						
34	2.30	13453	408	27.20	4.533			160					61.5		39.55		212			306	284		15°				
35	2.45	13863	410	27.33	4.533	8.8	0.116		12e	2.54.40		17.4	62.5		39.55		209				201						
36	3	14272	409	27.26	4.421	8.8	0.116	180			3.12.45		60		39.05		211		637		201	125					
37	3.15	14678	406	27.06	4.440	8.8	0.116						61.5		38.55		219				203		15.5				
38	3.30	15083	405	27	4.608	9.2	0.122	140					62		39.55		223				211						
39	3.45	15492	409	27.26	4.646	9.1	0.120		13e	3.45		17.9	60		39.55		222				201						
40	4	15904	412	27.46	4.205	8.8	0.116	170			4.10		61.5		37.55		219			342	175	123					
41	4.15	16313	409	27.26	4.458	8.7	0.115						63		38.55		221				217						
42	4.30	16721	408	27.20	4.627	9.0	0.118	80	14e	4.36 30		17.7	58.5		39.55		221				180						Le chauffeur remet au foyer une portion des résidus tombés de la grille, et les mouille très-fortement.
43	4.45	17129	408	27.20	4.486	9.1	0.120				4.57		58		39.05		221		633		196	125		100		5.54	
44	5	17539	410	27.33	4.515	8.9	0.117	140					62.5		38.55		226				227						
45	5.15	17942	403	26.86	4.533	9.5	0.125		15e	5.16.35		17.6	58		38.55		227				222						
46	5.30	18347	405	27	4.515	8.7	0.115	160			5.35		56		38.55		230				213						
47	5.45	18757	410	27.33	4.627	9.3	0.123						55.5		38.55		231				222		14°				
48	6	19164	407	27.13	4.177	8.8	0.116	130	16e	6.3.45		17.4	53		38.55		229			352	165	125					
49	6.15	19578	414	27.60		8.8	0.116				6.21		54.5		37.55		225										
50	6.30	19987	409	27.26		7·9	0.104	120					53		34.55		225				237						
	6.40	20220	233																								
Sommes . . .					214.507			333.5				282.7	2960.5		1776.9		9835		3078	2064	9832	1378.5	88.5	1700			Consommation d'huile de la journée. kgr. 0,6
Moyennes . .					4.484		0.1158	128.26				17.66	62.98	11.5	36.81		218.55		615.6	344	213.76	125.32	14.75				Id. de suif. » 2,6

RÉSUMÉ

Matin :

			Compteur T
Mise en train	à vide. . . .	5h15m20s	
	sous charge .	5.33.15	299
Arrêt. . . .	sous charge .	11.56.55	10740
	à vide. . . .		

Soir :

Mise en train	à vide. . . .	12h51m00s	10766
	sous charge .	12.53.20	10823
Arrêt. . . .	sous charge .	6.38.40	20220
	à vide. . . .		20242

Nombre d'heures de marche :

Sous charge. . . . . = 12h09m
A vide . . . .

Tours par minute 27.2126

Par jour sous charge 19838
A vide 366

Pressions moyennes :

Dans la chaudière 4.484
Dans le condenseur. 0.1158

Niveau d'eau :

Mardi matin. . . . . +130
Mercredi matin 74
Différence à ajouter. . . . . . . + 56
Volume correspondant à 0° et 4°. = 366.33

Eau injectée :

Dans la chaudière, à 0° et 4°. . . 11721.04
Totale évaporée 12091

Houille. . . . . 1700 kgr.

Reste de la veille. . . . . 0 »
+ 107 coke à 80 % de houille. . . . 85.6 »
1785.6
Reste 104.75 coke à 80 % de houille . 83.8
1701.8

Houille brûlée

correspondant à 10 % de scories. 1637.33

ESSAIS

de la machine à vapeur surchauffée de MM. Haussmann, Jordan, Hirn & Cie, au Logelbach.

Mercredi, 14 Septembre 1864.

Numéros des observations	Heures des observations	TOURS — Nombres du compteur	TOURS — Différences	TOURS — Nombres de tours par minute de la machine	PRESSIONS — Pressions dans la chaudière	PRESSIONS — Pressions dans le condenseur, en cent. de mercure	PRESSIONS — Pressions dans le condenseur, en atm.	EAU — Niveaux dans la chaudière	EAU — Nombre de cours	EAU — Commencement de l'alimentation	EAU — Fin de l'alimentation	EAU — Température de l'eau à l'entrée des réchauffeurs	EAU — Température de l'eau à la sortie des réchauffeurs	EAU — Eau du condenseur à l'entrée	EAU — Eau du condenseur à la sortie	VAPEUR — Température de la vapeur à la sortie de la surchauffe	VAPEUR — Température de la vapeur à l'entrée du cylindre	VAPEUR — Perte par rayonnements	FUMÉE — Température de la fumée à l'entrée de la surchauffe	FUMÉE — à la sortie de la surchauffe	FUMÉE — à l'entrée des réchauffeurs	FUMÉE — à la sortie des réchauffeurs	Température de l'air extérieur	HOUILLE — Poids	HOUILLE — Charges premières	HOUILLE — Charges dernières	OBSERVATIONS
	5																										
1	5.37'45"	422												11.5										300	4h44	5h43	
2	5.45	600	178	24.55	4.275	9.8	0.129	+ 80	1e	5.58'32"		18°4	67	11.5	42.55						180		7°				Allumé le foyer à 4 h. 10 m. Pour l'allumage on emploie 30kil,5 de chutes de sapin. Mise en marche à vide à 5h15m55s Id. sous charge à . . 5.37.45 On refait la garniture de la tige de piston avec une corde en caoutchouc. Sur la recommandation de M. Hirn on tient le niveau de la chaudière plus bas. On contrôle les indications du pyromètre, placé à l'entrée du carneau des réchauffeurs, par un thermomètre.
3	6	995	395	26.33	4.462	10	0.132	75			6.16'30"		73	11.5	41.05		201		584		201	130		300	5.46	7.20	
4	6.15	1390	395	26.33	4.369	9.3	0.122						75	11.5	39.55		214				222		7.5				
5	6.31	1817	427	26.69	4.603			70	2e	6.40.20		18.4	74		40.55		226			358	222						
6	6.45	2193	376	26.85	4.509						6.58.15		79.5		39.55		220				185						
7	7	2595	402	26.80	4.584	9.3	0.122	95					80		39.55		226				235		8				
8	7.15	3002	407	27.13	4.584	9.3	0.122		3e	7.14.40		17.4	80		40.55		226		603		222	125					
9	7.30	3413	411	27.40	4.566			140			7.33		70		40.05		224.5				209		9.5				
10	7.45	3825	412	27.46	4.603	9.5	0.125	90					71		39.55		224				201						
11	8	4237	412	27.46	4.603	8.9	0.117	90	4e	7.55.45		17.4	68.5		39.55		219			300	159			300	8	9.48	
12	8.15	4644	407	27.13	4.650	9.0	0.118	90			8.16.30		61		40.55		220				242						
13	8.30	5053	409	27.26	4.509	8.8	0.116		5e	8.32.15		17.4	60.5		40.55		220				175		12				
14	8.45	5463	410	27.33	4.547	9.3	0.122	95			8.56		54		40 55		220				201						
15	9	5872	409	27.26	4.556	8.8	0.116										224										
16	9.15	6278	406	27.06	4.603	9.2	0.121	120	6e	9.22.05		17.4	55		40.55		223		614		206	116					
17	9.30	6685	407	27.13	4.350	9.2	0.121				9.41.15		52		39.55		222				201						
18	9.45	7090	405	27.00	4.472	9.0	0.118						50.5		39.55		227				232						
19	10	7500	410	27.33	4.556	9.0	0.118	90	7e	10.19 45		17.6	52.5		40.55		228			375	203	120	13	300	10.08	1	
20	10.15	7911	411	27.40	4.603	9.2	0 121				10 38		55		40.55		227.5				209						
21	10.30	8320	409	27.26	4.509	8.5	0.112	95					54		39.55		226				182						
22	10.45	8727	407	27.13	4.622	9.2	0.121		8e	10.54.55		17.6	53		40 55		229				229						
23	11	9137	410	27.33	4.491	9.6	0.126	120			11.12.30		52.5		39 55		226				196						
24	11.15	9546	409	27.26	4.491	9.4	0.124						51		39.55		228				225						
25	11.30	9957	411	27.40	4.369	9.0	0.118	120	9e	11.30.45		17.4	50		38.55		228		619		211	123					
26	11.45	10365	408	27.20	4.134	9.0	0.118				11.48.30		49		38.05		226.5				201		14				
27	11.59'40"	10764	399	28.00	3.947			80					50.5								227						
28	1	10973			4.491	10	0.132	120					60		37.55		187				183		15				
29	1.15	11382	409	27.26	4.566	9.0	0.118		10e	1.20.52		17.8	62.5		39.55		227				211			300	1.15		
30	1.32	11841	459	27	4.509			120			1.39		57		37.55		233			371	216	126					
31	1.45	12199	358	27.53	4.584	9.0	0.118						58		33.55		235				222						
32	2	12577	378	25.20	4.556	9.3	0.122	90	11e	2.13		17.4	60		33 55		230.5				201						
33	2.15	13014	437	29.13	4.416	8.5	0.112				2.30.30		60.5		38 05		224				180						
34	2.30	13425	411	27.40	4.462	8.8	0.116	120					59		38.55		223		590.6		211	118					
35	2.45	13831	406	27.06	4.622	9.0	0.118						52		39.55		225				206		16				
36	3	14242	411	27.40	4 697	8.9	0 117	50	12e	3.02		17.4	64		39.55		220			303	211						
37	3.15	14654	412	27.46	4.416	9.1	0.119				3.20		58		38.55		222				222						
38	3.30	15063	409	27.26	4.622	8.7	0.114	80					58.5		39.05		227				216	110					
39	3.45	15474	411	27.40	4.537	8.6	0.113		13e	3.47.35		18.4	62 5		39.05		228				213						
40	4	15880	406	27.06	4.378	8.5	0.112				4.06		58				232				209		15.75				
41	4.15	16289	409	27.26	4.547	8.8	0.116		14e	4.26.50		18.4	57.5				236				228			200	4.26	5.57	
42	4.30	16699	410	27.33	4.416	9.0	0.118				4.44.48						226		596		215	132					
43	4.45	17106	407	27.13	4.303	8.8	0.116										239				211						
44	5	17506	400	26.66	4.491	8.2	0.108		15e	5.07.40		19.15					244				249		15.75				On ferme un peu les clapets qui livrent passage à la fumée dans la surchauffe, et on ouvre ceux par lesquels passe la fumée pour se rendre au corps cylindrique de la chaudière. Consommation d'huile de la journée. 0kil,57 Id. de suif. 2kil,30
45	5.15	17913	407	27.13	4.603	9.0	0.118				5.32.33						241				222						
46	5.30	18323	410	27.33	4.387	8.7	0.114	120									230				232						
47	5.45	18731	408	27.20	4.603	8.7	0.114		16e	5.51.45		19.4					219				237	125	14.5				
48	6	19137	406	27.06	4.406	9.1	0.119				6.09						208				242						
49	6.15	19542	405	27.00		9.4	0 124		17e	6.27		19.4					207		442				14				
50	6.30	19949	407	27.13		8.3	0.109				6.45.40						220					133					
51	6.41'5"	20246	295	26 81																			13				
Sommes. . .					211.188			215				306.35	2366	11.5	1414.8		105390		4048.6	1707	9713	1358	175	1700			
Moyennes. .					4.493		0.1189	97.6				18.02	60.66	11.5	39.3		224.24		578.37	341.4	211.16	123.45	12.5				

RÉSUMÉ

Matin.

			Compteur T
Mise en train	à vide. . . .	5h15m55s	
	sous charge .	5.37.45	422
Arrêt. . . .	sous charge .	11.59.40	10764
	à vide. . . .		10793

Soir.

Mise en train	à vide . . .	12h51m15s	10793
	sous charge .	12.56.17	10878
Arrêt. . . .	sous charge .	6.41.05	20246
	à vide. . . .		

Nombre d'heures de marche :

Sous charge. . . . . = 12h06m43s
A vide . . . .

Tours par minute 27.1219

Par jour sous charge 19710
A vide 507

Pressions moyennes :

Dans la chaudière 4.493
Dans le condenseur. 0.1189

Niveau d'eau :

Mercredi matin. . . . . +74
Jeudi matin . . . . +122
Différence à retrancher 48
Volume correspondant à 0° et 4° . = 317.99

Eau injectée :

Dans la chaudière, à 0° et 4°. . . 12456.24
Totale évaporée 12145

Houille. . . . . 1700 kgr.

+ de la veille.
104.75 coke à 80 % de houille. . 83.8 »
1783.8
Reste 116.3 coke à 80 % de houille . 93.4
1690.76

Houille brûlée

correspondant à 10 % de scories. 1630.73

ESSAIS

de la machine à vapeur surchauffée de MM. Haussmann, Jordan, Hirn & Cie, au Logelbach.

Jeudi 15 Septembre 1864.

Numéros des observations.	Heures des observations.	TOURS			PRESSIONS			EAU								VAPEUR			FUMÉE				Température de l'air extérieur.	HOUILLE		
		Nombres du compteur.	Différences	Nombres de tours par minute de la machine.	Pressions dans la chaudière	Pressions dans le condenseur.		Niveau dans la chaudière.	Nombre de cases.	Commencement de l'alimentation.	Fin de l'alimentation.	Température de l'eau		Eau du condenseur à		Température de la vapeur		Perte par rayonnement	Température de la fumée à					Poids.	Charges	
						cent. de mer.	en atm.					à l'entrée des réchauffeurs.	à la sortie des réchauffeurs.	l'entrée.	la sortie.	à la sortie de la surchauffe.	à l'entrée du cylindre.		l'entrée de la surchauffe.	la sortie de la surchauffe.	l'entrée des réchauffeurs	la sortie des réchauffeurs			premières	dernières
	5																							300		5h35
1	5 30				4.560	9.0	0.118						80	16	37.3											
2	5.45	618			4.503	9.0	0.118	+140					79								201			300		7.40
3	6	993	375	25	4 503	9.5	0.125	90					78.5		36.3		194		531		216	118				
4	6.15	1380	387	25 80	4.569	9.5	0.125		1°	6h20'15''		22°1	78				205.5				248					
5	6 30	1780	400	26.66	4.503	9.2	0.121	110			6h38'		75	16	36.8		210				206	125	10°			
6	6.45	2196	416	27.73	4.550	9.0	0.118						74.5				209			323	212					
7	7	2590	394	26.26	4.485	9 0	0.118	80	2°	7.3.25		20.4	74		36.3		206				190					
8	7.15	3000	410	27.33	4 485	9.2	0.121				7.22.15		80				207				206					
9	7.30	3410	410	27.33	4.466	9.0	0.118	80					78.5	16	36.3		213				216	118				
10	7.45	3819	409	27.26	4.456	8.8	0 116		3°	7.42.06		20	76				215				209			300	7.45	10.15
11	8	4221	402	26.80	4.531	8.2	0.108	110			7.59.20		71		36.3		221		445		225		12.2			
12	8.15	4618	397	26.46	4.503	9.1	0.119						72				226				235					
13	8 30	5021	403	26.86	4.503	8.5	0.112	100	4°	8.26.18		20.4	68	15.5	35.8						204	126				
14	8.45	5416	395	26.33	4.456	8.4	0 111				8 44.45		62								217					
15	9	5825	409	27.26	4.597	9 0	0.118	80					63.5		36.3						220					
16	9.15	6235	410	27.33	4.447	9.3	0.122		5°	9.17.41		20.4	62 5								217					
17	9.30	6645	410	27.33	4.456	8.5	0.112	120			9.36 30		50		37.3		229			354	215					
18	9.45	7053	408	27.20	4.588	8.5	0.112						58			260	231	29			232	122				
19	10	7467	414	27.60	4.550	8.6	0.113	75					60	16	36.3	258	230	28			201					
20	10.15	7880	413	27.53	4.485	9.2	0.121		6°	10.1.25		19.9	61			260	230	30			212					
21	10.30	8285	405	27.—	4.597			100			10.18 45		55		37.3	262	233	29	619		217	120				
22	10.45	8691	406	27.06	4.541	8.4	0.111		7°	10.35.20		19 9	53	16		263	233	30			190			300	10.40	
23	11	9099	408	27.20	4.503	8.7	0.115				10.53.15		52.5		35.8					387	227					1.07
24	11.15	9506	407	27 13	4.597	8.8	0.116						53.5		35.3						216	128				
25	11.30	9912	406	27 06	4.447	9.0	0.118	120	8°	11.18.22			52		35.3	259	234	25			234					
26	11.45	10322	410	27.33	4.222	8.2	0.108				11.36.30		52.5		33.3	254	230	24		347	250		17.7			
27	12.01	10735	413	25.81	3.806			60					55		31.3						248					
28	1	10855			4.259	10	0.132	80	9°	1.11		20.4	64			237					166					
29	1.15	11258	403	26.86	3.941						1.28.45		63			250	211	39			210		20.3	300	1 17	
30	1.30		796	26.53	4.241			100					64.5	16						393	237	145				
31	1.45	12054			4.410								64			280	235	45			284					
32	2.02	12519	465	27 35	4.503			60	10°	2.5.57		20 6	66.5			275	243	32			263					
33	2.15			27.32	4.503						2.25.25		68.5								242	146				
34	2.30	13284	765		4.653	10.5	0.138	95					68			266	240	26			260					
35	2.45	13693	409	27.26	4.653								69			253	232	21	573		216	125				
36	3	14101	408	27.20	4.597	10	0.132	55	11°	2.59		20.1	72			242	223	19			222					
37	3.15	14511	410	27.33	4.531	10 5	0 138				3,15.50		67.5			243	221	22			284					
38	3 30	14916	405	27.—	4.441	10.2	0.134	70					68			240	219	21		347	237	128	18.8			
39	3.45	15325	409	27 26	4.456	10.1	0.133		12°	3.35.08		19.4	63.5			242	219	23			232					
40	4	15733	408	27.20	4.597	10.8	0.142	80			3.50.45		64.5			250	224	26	644	304.7	242					
41	4.15	16143	410	27.33	4.485	10.8	0.142						63			250	222	28			222	132		200		6.05
42	4.30	16550	407	27.13	4.560	10	0.132	110	13°	4.12.13		19.4	58			257	222	35			258					
43	4.45	16960	410	27.33	4.503	10.2	0.134				4.28.59		61.5			258	229	29			211					
44	5	17369	409	27 26	4.485	9 4	0 124	95					60			254	228	26			218	134				
45	5.15	17772	403	26.86	4.541	9.5	0.125		14°	4.52.35		19.4	56			257	228	29	643	380	250					
46	5.30	18175	403	26 86	4.644	9.5	0 125	90			5 9.50		57.5			254	228	26			240					
47	5.45	18583	408	27.20	4.316	9.5	0.125		15°	5.35		19.9	56			255	227.5	27.5			227					
48	6	18986	403	26 86	4.603	9.0	0.118	100			5.52.25		55.5	16		264	231.5	32.5			238	147	17			
49	6.15	19389	403	26 86	4.316	9.0	0.118		16°	6.17 30		19.4	54													
50	6.30	19790	401	26.73	3.510	8 5	0.112	130			6 34.20		54.5				227				232					
51	6.45	29107	317	27.83																						
Sommes					222.657			3330				301.7	3214	127.5	573.3	6643	8266.5	702	3455	2835.7	10855	1814	96 2	1700		
Moyennes					4.453		0.1217	93.2				20.11	64°28	15.93	35.38	255.5	223.40	28.08	575.83	354.44	226.14	129.57	16'			

OBSERVATIONS.

Allumé le foyer à 4 h. 15 m.

Pour l'allumage on a employé 30 kgr. de chutes de sapin.

Mise en train à vide à 5 h. 16 m.
Mise en train sous charge à 5 h 39 m 22 s.

On installe un thermomètre sur le tuyau de la vapeur à la sortie de la surchauffe.
On commence à construire un canal en briques autour du tuyau d'arrivée de la vapeur surchauffée et on entoure le tuyau qui mène la vapeur de la chaudière à la surchauffe de terre glaise.

On ferme un peu les clapets qui conduisent la vapeur dans la surchauffe et on ouvre ceux des réchauffeurs

Le chauffeur éprouve une *détresse*, la pression diminue rapidement entre 1 h. et 1 h. 15
On ferme un peu les clapets de la surchauffe.

Vérifié et réglé le cordon du manomètre qui s'est allongé de 15 m/m.

On ferme un peu les clapets de la surchauffe.

Consommation d'huile de la journée.... kgr. 0,58
Id. de suif. » 2,40

RÉSUMÉ.

Matin : (Compteur.)

Mise en train { à vide . . . 5h16'00'' T
Mise en train { sous charge . 5h39'22'' 487

Arrêt . . . . { sous charge . 12h01'00'' 10735
Arrêt . . . . { à vide . . . 12h03' 10763

Soir :

Mise en train { à vide . . . 12h56'10'' T 10763
Mise en train { sous charge. 12h58'00'' 10805

Arrêt . . . . { sous charge. 6h41'45'' 20107
Arrêt . . . . { à vide . . . 20134

Nombre d'heures de marche :
Sous charge. . . . . = 12h05'23''
A vide . . . .

Tours par minute 26.9512
Par jour sous charge 19550
A vide 529

Pressions moyennes :
Dans la chaudière 4 453
Dans le condenseur. 0.1217

Niveau d'eau :
Jeudi matin. . . . . +122
Vendredi matin . . . . +103
Différence à ajouter 19
Volume corresp' à 0° et 4°. . . = 125

Eau injectée :
Dans la chandière à 0° et 4°. . = 11679.14
Totale évaporée 11802.64

Houille. . . . . = 1700 kgr.
+ de la veille . . . . 0 »
116.3 Coke à 80 °/o de houille. . . = 93.04
1793.04
Reste 113.80 coke à 80 °/o de houille . 91.04
1702 —

Houille brûlée
correspondant à 10 °/o de scories 1635.22

ESSAIS

de la machine à vapeur surchauffée de MM. Haussmann, Jordan, Hirn & Cie, au Logelbach.

Vendredi 16 Septembre 1864.

Numéros des observations	Heures des observations	TOURS			PRESSIONS			EAU								VAPEUR			FUMÉE				Température de l'air extérieur	HOUILLE		
		Nombres du compteur	Différences	Nombres de tours par minute de la machine	Pression dans la chaudière	Pression dans le condenseur (excès de mercure)	Pression dans le condenseur (en atm.)	Niveau dans la chaudière	Nombre de cuves	Commencement de l'alimentation	Fin de l'alimentation	Température de l'eau à l'entrée des réchauffeurs	Température de l'eau à la sortie des réchauffeurs	Eau du condenseur à l'entrée	Eau du condenseur à la sortie	Température de la vapeur à la sortie de la surchauffe	Température de la vapeur à l'entrée du cylindre	Perte par rayonnements	Température de la fumée à l'entrée de la surchauffe	à la sortie de la surchauffe	à l'entrée des réchauffeurs	à la sortie des réchauffeurs		Poids	Charges premières	Charges dernières
	5.30																							300		
1	5.45	575			4.546	10	0.132						78.5		38.55						159.2			300		7h45
2	6	958	383	25.53	4.349	9	0.118	+ 100	1e	6h16		20°4	75		35.05	240	208	32			206					
3	6.15	1354	396	26.40	4.499	10	0.132				6h32		76		35.55	239	212	27			201					
4	6 30	1788	434	28.93	4.546	9	0.118	120	2e	6.54		19.9	76		37.55	250	217	33			201	130				
5	6.45	2169	381	25.40	4.481	9	0.118				7.10		77.5		36.55	253	225	28			222					
6	7	2576	407	27.13	4.593	8.5	0.112	120					82		36.05	254	226	28			199	126				
7	7.15	2987	411	27.40	4.640	8.5	0 112		3e	7.32		20 4	81		37.55	260	231	29			236					
8	7.30	3394	407	27 13	4.499	9	0.118	70			7.59		81		36.55	254	230	24			209					
9	7 45	3796	402	26.80	4.612	8.5	0.112						82			252	227	25			197			300	8h14	10.30
10	8	4205	409	27.26	4.687	8 5	0.112	110	4e	8.18		20.4	74		37.55	260	230	30	555	356	247	128				
11	8.15	4613	408	27.20	4.518	9	0.118				8 36		72.5			250	229.5	20.5			187					
12	8.30	5024	411	27.40	4.499	8.8	0.116	100					68.5		37.55	253	228	25			198					
13	8.45	5435	411	27.40	4 668	8.5	0.112		5e	8.58		20.4	61.5			252	228	24			211					
14	9	5844	409	27.26	4.452	9	0 118	130			9 15		61.5		36.55	250	226	24	627	379 8	190	126				
15	9.15	6252	408	27.20	4.387	9.2	0.121						56			254	227	27			206					
16	9.30	6661	409	27.26	4.481	9.5	0.125	75					58		38.05	253	230	23			207					
17	9.45	7071	410	27.33	4.687	9 1	0 119		6e	9 49		19.9	58.5			250	225	25			206					
18	10	7474	403	26.86	4.631	9.2	0.121				10 4		54		38.55	247	225	22	593	347	237	128		300		
19	10.15	7883	409	27 26	4 612	9.0	0.118	100	7e	10.25		19 9	53.5			246	220	26			211					
20	10 30	8292	409	27.26	4.406	8.8	0.116				10.42		52		37.55	234	214	20			206					
21	10.45	8686	394	26.26	4.443	9	0.118	125					50.5			238	216	22			203					
22	11	9093	407	27.13	4.406	9	0.118		8e	11.1		20.4	53		38.55	244	219	25	555	356	190	126				
23	11.15	9500	407	27.13	4.424	9.5	0.125	140			11 18		50			250	224	26			206					
24	11.30	9911	411	27.40	4.612	9.5	0 125		9e	11.36		19.9	50.5		39.05	256	228	28			232					
25	11.45	10319	408	27.20	4.218	9.4	0.124	160			11.52		49			254	227	27			190					
26	12.4'45"	10722	403	26.86	4.452																					
27	1																									
28	1.15	11360			4.218	10	0.132	120	10e	1.46		20.4	62		34.55	250	211	39			211					
29	1.30	11767	407	27.13	4.687	9.2	0.121				2 2		63		34.55	260	223	37			232			300		4.15
30	1.45	12177	410	27.33	4.687	9.0	0 118	70					65		36.55	270	221	49			237					
31	2	12587	410	27.33	4.359	8.5	0.112	125	11e	2h36		20.4	64		37.55	276	229	47			254					
32	2.15	12997	410	27.33	4 574	8.2	0.108	95			2.44		66				244				269					
33	2.30	13406	409	27.26	4.574			90									240				206					
34	2.45	13816	410	27.33	4.452	8.2	0.108		12e	3.22		20.4				271	238	33	651	237		163				
35	3	14217	401	26.73	4.668	8.5	0.112	115			3.40		71		37.05	249	233	16			260					
36	3.15	14635	418	27.86	4.734	9	0 118						71.5			220	226	-6			253	140				
37	3.30	15046	411	27.40	4.574	9	0.118	105					75		38.05	225	221	4			230					
38	3.45	15454	408	27.20	4.677	9.7	0.128		13e	4.4		19.4	72		37 55	238	228	10			267					
39	4	15863	409	27 26	4 706	8.8	0 116	85			4.20		73		38.55	234	230	4	665	346.7	242	147				
40	4.15	16270	407	27.13	4.640	9 2	0.121		14e	4.42		20 4	69			239	230	9			248			200		6h
41	4.30	16682	412	27.46	4.640	9	0.118	90			4 58		69.5		39.05	236	234	2			247					
42	4.45	17090	408	27.20	4.621	9	0.118		15e	5.19		20.4	68			234	231	3			227					
43	5	17497	407	27.13	4 537	8 5	0.112	140			5.36		63.5		37.55	237	232	5	627.7	333	240	145				
44	5 15	17932	435	27.19	4.790				16e	6.1		20.4	66		39.55	234	231.5	2.5			232					
45	5.30	18314	382	27 35	4.574			165			6.17		59.5		38.55	240	224	16			243					
46	5.45	18726	412	27.46	4.706				17e	6.30		19.4				243	236	7			246					
47	6	19132	406	27.06	4.687			105			6.47		60		37 55	244	238	6	619	348.7	247	143				
48	6 15	19532	400	26.66	4.134	8.3	0.109						57		35.55	239	233	6			226					
49	6.30	19935	403	26.86	4.077	8.4	0.111	115							34.55	237	230	7			251					
Sommes . .					217.664			2730				323.4	2830		115355	10869	10436	917	4892.7	2704.2	10225.2	1502		1700		
Moyennes . .					4.522		0.118	109.2				20.21	65.81		37.21	247.02	226.86	20.23	611.58	338.02	222.29	136.54				

OBSERVATIONS

Allumé à 1 h. 10 m. Pour l'allumage on emploie 33 kilog. de chutes de sapin.

Mise en train à vide, à 5 h. 17 m.
Mise en train sous charge, à 5 h. 39 m.

Constaté un nouvel allongement du cordon du manomètre.

Les clapets de la surchauffe fermés à 10 h. 4 m.
Les clapets de la surchauffe ouverts à 10 h. 19 m.

Les clapets de la surchauffe un peu fermés à 1 h. 52 m.
Les clapets de la surchauffe ouverts à 2 h. 15 m.
Les clapets de la surchauffe presque fermés à 3 h. 15 m.
Les clapets de la surchauffe presque fermés à 4 h.

Fermé les clapets de la surchauffe à 6 1/2 h. jusqu'à l'arrêt.

Consommation d'huile de la journée. kgr. 0,750
Id. de suif. » 2,000

RÉSUMÉ

Matin :

			Compteur T
Mise en train	à vide. . . .	5h17m40s	
	sous charge .	5.39.00	428
Arrêt. . . .	sous charge .	12.04.45	10849
	à vide. . . .		10875

Soir :

Mise en train	à vide. . . .	12h54m20s	10875
	sous charge .	1 01.40	10997
Arrêt. . . .	sous charge .	6.45 40	20359
	à vide . . .	6.47.30	20385

Nombre d'heures de marche :

Sous charge. . . . . = 12h09m45s
A vide 0.38.42

Tours par minute. 27.1092

Par jour sous charge 19.783
A vide 548

Pressions moyennes :

Dans la chaudière 4.522
Dans le condenseur 0.118

Niveau d'eau :

Vendredi matin . . . . +103
Samedi matin . . . . +145
Différence à retrancher 42m/m
Volume correspondant à 0° et 4°. 271.71

Eau injectée :

Dans la chaudière à 0° et 4° . . . 12187.38
Totale évaporée 11919 90

Houille. . . . . 1700 kgr.

+ de la veille.
113 kgr 80 coke à 80 % de houille 91.04
1791.04

Reste 157 kgr coke à 80 % de houille . 125.6
1665.44

Houille brûlée :

Correspondant à 10 % de scories. 1626.04

ESSAIS

de la machine à vapeur surchauffée de MM. Haussmann, Jordan, Hirn & Cie, au Logelbach.

Samedi 17 Septembre 1864.

Numéros des observations	Heures des observations	TOURS Nombres du compteur	Différences	Nombres de tours par minute de la machine	PRESSIONS Pression dans la chaudière	Pression dans le condenseur: excès de mercure	en atm	EAU Niveau dans la chaudière	Nombre de cases	Commencement de l'alimentation	Fin de l'alimentation	Température de l'eau à l'entrée des réchauffeurs	à la sortie des réchauffeurs	Eau du condenseur à l'entrée	à la sortie	VAPEUR Température de la vapeur à la sortie du surchauffeur	à l'entrée du cylindre	Perte par rayonnements A	FUMÉE Température de la fumée à l'entrée du surchauffeur	à la sortie du surchauffeur	à l'entrée des réchauffeurs	à la sortie des réchauffeurs	Température de l'air extérieur	HOUILLE Poids	Charges premières	Charges dernières	OBSERVATIONS
	5							On vide le reste de la case du vendredi																			
1	5.45	523			4.58									14.5										300		6h	
2	6	914	391	26.06	4.448							21.4		14.5	40.55	214	194	20			201.0			300	6.12	8.13	Allumé à 4 h. 49 m. Pour l'allumage on emploie 31 kilog. de chutes de sapin.
3	6.15	1320	406	27.06	4.636	9.5	0.125	+ 100		6h27'5"			85	14.5	40.55	223	208	15			213						
4	6.30	1726	406	27.06	4.608			90			6h31'15"		77	14.5	39.05	218	212	6			186						
5	6.45	2135	409	27.26	4.477			70	1e	6.43.15		21.4									222	120					
6	7	2540	405	27.13	4.514	9.0	0.118	115			7.0.25		80		38.05	216	210	6			201						
7	7.15	2947	407	27.13	4.673	9.0	0.118	85					80		39.55	212	209	3			201	115					
8	7.30	3356	409	27 26	4.739			55					83		40.05	207	207	0			185	115					
9	7.45	3762	406	27.06	4.58			95	2e	7.31.28		20 0	80		39.80	211	207	4	518	404	188	117					
10	8	4171	409	27.26	4.673	9.0	0.118	65			7.47 15		80			212					213						
11	8.15	4579	408	27.2	4.702			60	3e	8.13.50		19.9	80			210	208	2			215			300	8.23	11.12	
12	8.32	5043	464	27.29	4.589			105			8 33.40					213	208	5			201						
13	8.45	5398	355	27.3	4.56			60					70		39.05	210	208	2			209	118					
14	9	5808	410	27.33	4.777			58	4e	9.02.12		19.9				213	209	4			190						
15	9.15	6216	408	27.2	4.542			85			9.19		63			216	212	4	543	369	209						La pompe alimentaire est un instant dérangée.
16	9.30	6624	408	27.2	4.664			65								216	213	3			206						
17	9.45	7026	402	26.8					5e	9.44.20		19.9	63		39.05	216	213	3			199						
18	10	7419	393	26.2	4.306	8.3	0.109				10.01		57		37.05	224	217	7			230						
19	10.15	7828	409	27.26	4 533			52					57.5		39.55	226	220	6			228						
20	10.30	8230	402	26.8	4.533			40	6e	10.30		19.9	58.5		39.75	221	219	2			213						
21	10.45	8636	406	27.06	4.552	8.3	0.109	86			10.46.15		54.5		37.55	218	216	2	580	334							Surchauffe à moitié fermée.
22	11	9043	407	27.13	4.533			58	7e	11.6.5		19.4	54.5		38.55	217	216	1			199						
23	11.15	9455	412	27.46	4.374			83			11.22.30		53.5		38.55	218	216	2			198			300	11.18	1.45	
24	11.30	9864	409	27.26	4.411			89					51		38.05	219	217	2			196						
25	11.45	10276	412	27.46		9.0	0.118		8e	11.44.30		20.9	54.5		39.75	222	219	3			211						
26	12										12		50.5		32.55	216	214	2			222						Vérifié et réglé le cordon du manomètre.
27	1												58		19.55						190						
28	1.15	11267											61		37.55	233	212	21			222						
29	1.30	11670	403	26.86					9e	1.36		20.4	63.5		39.55	242	228	14			231						
30	1.45	12078	408	27.2		9.0	0.118				1.54		63.5		40.55	250	238	12			230			300	1.45	4.20	
31	2.01	12515	437	27.31									63		41.35	246	243	3			266						
32	2.15	12896	381	27.21	4.252	9.5	0.125		10e	2.27		19.9	65		42.45	231	235	—4			248						Les clapets de la surchauffe à moitié fermés.
33	2.30										2.40		67.2		41.85	223	225	—2			251						
34	2.45	13709	813	27.1		10.0	0.132		11e	2.56		19.4	66.8		42.85	223	224	—1			278						
35	3	14116	407	27.13	4.290	9.5	0.125	80			3.12		69.7		44.05	218	219	—1			251						
36	3.15	14526	410	27.33	4.515	10.0	0.132	110					65 5		44.55	227	222	5			268						
37	3.30	14935	409	27.26	4.608	9.8	0.129	75					66.3		45.75	227	224	3			253						Les clapets de la surchauffe presqu'entièrement fermés.
38	3.45	15345	410	27.33	4.515	9.7	0.128	128	12e	3.32		19.4	63		45.35	228	225	3	610	386.8	239						
39	4	15754	409	27.26	4 561	9.7	0.128				3.43		61 8		45.25	229	225	4			228						
40	4.15	16164	410	27.33	4.646	9 8	0.129	92	13e	4.12		19 4	64		47.55	232	228	4			242						
41	4.30	16573	409	27.26	4.564	10.2	0.134	127			4 29		58.5		45.55	235	231	4			248			150		6 52	
42	4.45	16980	407	27.13	4.646	10.4	0.137		14e	4.56.25		19.5	59.5		47.05	235	233	2			248						
43	5	17389	409	27.26	4 627	10 2	0.134	85			5 12		61.5		46.55	234	231	3			247						
44	5 15	17799	410	27.33	4.411	9.8	0.129						57.5		35.55	236	231	5			240						
45	5.30	18209	410	27 33	4.721	8.8	0.116	95	15e	5.32		19.9	59.5		37.55	236	233	3	624	392	259						
46	5.45	18620	411	27.4	4.552	9.0	0.118				5.55		60.8		37.55	234	231	3			221						
47	6	19027	407	27.13	4.533	9.0	0.118	120					57 5		35.55	236.5	235	1.5									Surchauffe presque fermée
48	6.15	19432	405	27	4.421	8.7	0.115	76	16e	6.21.30		19.4	59.5		35.55	245	238	7	509	358	253						
49	6.30	19839	407	27.13	3.596	8.3	0.109	95			6.37		62		33.55	246	239	7			276						
50	6.43.40	20192	253															A									
	Sommes . . .				176.359			2519				340	2767.1		1629.7	10334.5	9922	200 5	3384	2243.8	10325	585		1650			
	Moyennes . .				4.522		0.1229	81.25				20	64.35	14.5	39.74	224.66	220.48	4.45	564	373.96	224.45	117					

NB. Les différences négatives de la colonne A proviennent d'un défaut de simultanéité dans les observations.

RÉSUMÉ

Matin :

			Compteur à T
Mise en train	à vide. . . .		
	sous charge .	5h42m25s	463
Arrêt	sous charge .	12.05.45	10817
	à vide. . . .	12.07.40	10839

Soir :

Mise en train	à vide. . . .	12h57m10s	10839
	sous charge .	1 03.05	10945
Arrêt	sous charge .	6.43.40	20192
	à vide. . . .	6.44.40	20216

Nombre d'heures de marche :

Sous charge. . . . . = 12h03m55s
A vide . . . .

Tours par minute 27.0763

Par jour sous charge 19.601
A vide 550

Pressions moyennes :

Dans la chaudière 4.522
Dans le condenseur. 0.1229

Niveau d'eau :

Samedi matin . . . . =145
Dimanche matin. . . . . = 93
Différence à ajouter 52
Volume correspondant à 0e et 4e. 338.77

Eau injectée :

Dans la chaudière à 0e et 4e . . . 11901.88
Totale évaporée 12234.98

Houille. . . . . =1650

+ de la veille.
157 kgr coke à 80 % de houille . 125.6
1775.6

Reste 84 kgr 2 coke à 80 % de houille. 67.36
1708.24

Houille brûlée :

Correspondant à 10 % de scories. 1625.49

NB. Les six tableaux qui renferment toutes les observations de la semaine des essais et le tableau suivant de l'expérience au frein sont la reproduction des tableaux autographiés, distribués à MM. les membres du Comité de Mécanique, en Avril 1865.

ESSAI AU FREIN.

Machine à vapeur surchauffée de MM. Haussmann, Jordan, Hirn & Cie, au Logelbach.

Dimanche 18 Septembre 1864.

Heures des observations.	Nombres du compteur.	Différences.	Nombres de tours de la machine.	Rayon du frein.	Poids du frein rapporté au rayon R.	Charge additionnelle.	Charge totale.	Formule du travail en chevaux.	Pressions dans la chaudière.	Pressions dans le condenseur.	Températures de l'eau de condensation entrée.	Températures de l'eau de condensation sortie.	Travail accusé par le frein.	OBSERVATIONS.
Essai préparatoire.														
			T	R	p	p'	(p + p') = P	Chx	n	nc			Chx	
h. '						kgr.			atm.	atm.	°	°		
10.54	508					140			4.590	0.1250	1.45	31.5		La machine et les paliers du 1er arbre moteur sont graissés à la manière ordinaire.
10.55	558	50	27.272			»					»			
10.56	607	49	26.727			»			4.590	0.1184	»	31		
10.57	656	49	26.727			»					»			
10.58	705	49	26.727			»			4.637	0.1250	»	30.5		
10.59	756	51	27.818			»					»			
11	805	49	26.727			»			4.637	0.1184	»	30.5		
11.1	855	50	27.272	m 6.006	kg. 79.750	160	kg. 239.750	$\frac{(p+p')\,T}{119.236}$			14.5			
11 2	906	51	27.818			»	»		4.590	0 1210	»	30.5		Graissé le manneton de la manivelle qui a chauffé.
11.3	953	47	25.636			»	»				»			
11.4						»	»		4.590	0.1250	»	30.7		
11.5	1051	98	26.727			170	249 750				»			
11.6	1098	47	25.636			»	»		4.543	0.1184	14.5	33		
11.7	1148	50	27.272			»	»							Robinets complétement ouverts à 11 h. 7'.
11 8	1199	51	27.818			170	249.750		4.543	0.1184	14.5	33.5		
11.9	1250	51	27.818			175	254.750				»			
11.10	1302	52	28.363			180	259.750		4.543	0.1184	14.5	33.5		
Essai définitif.														
11.10	1302					180	259.750		4.543	0.1184	14.5	33.5		
11.11	1353	51	27.818			»	»							
11.12	1403	50	27.272			»	»		4.590	0.121	»	34		1re période.
11.13	1454	51	28.818			»	»							
11.14	1504	50	27.272			»	»		4.590	0.1236	»	»	109.649	
11.15	1554	50	27.272			»	»							
11.16	1604	50	27.272	6.006	79.750	»	»	$\frac{(p+p')\,T}{119.236}$	4.590	0.1210	»	»		
11.17	1654	50	27.272			»	»							
11.18	1705	51	27.818			»	»		4.637	0.1250	»	»		
11.19	1755	50	27.272			185	264.750							
11.20	1806	51	27.818			»	»		4.637	0.1184	»	»		2e période.
11.21	1857	51	27.818			»	»							
11.22	1900	52	28.363			»	»		4.637	0.1184	»	»	115.016	
11.23	1961	52	28.363			»	»							
11.24	2014	53	28.909			»	»		4.637	0 1184	14.5	34.5		

Résultats des essais de la semaine.

[illegible]ates.	Jours.	Heures de marche par jour sous charge.	Nombre de tours par jour sous charge.	Nombre de tours par jour à vide.	Nombre de tours moyens par minute.	Pressions moyennes dans la chaudière.	Pressions moyennes dans le condenseur.	Houille brûlée	Scories totales.	Scories proportionnelles.	Houille réduite à 10 p. 100 de scories.	Eau réduite à 4° quant au volume et à 0° quant à la température.	Rendement de la chaudière.	Houille brûlée par heure.	Eau consommée par heure.	Température de la vapeur surchauffée.	Travail moyen de la machine.	Eau par cheval et par heure.	Houille par cheval et par heure.	Hauteur moyenne du baromètre.
		h. ' "				atm.	atm.	kgr.		%	kgr.	kgr.	kgr.	kgr.	kgr.	°	chx	kgr.	kgr.	m/m.
[illegible]864 12 .	Lundi . .	12.04.05	19574	561	27.0328	4.459	0.102 min.	1714.4	231	13.47	1648.22 max.	11873.1	7.203 min.	136 577	983.85	223	106 39	9.248	1.284	747
13 .	Mardi . .	12.09	19838	366	27 2126 max.	4.484	0.1158	1701.8	228.2	13.409	1637.33	12091	7.384	134.759	995.1	218.55 min.	107.12	9 288	1.258	749
14 .	Mercredi .	12.06.43	19710	507	27.1219	4.493	0.1189	1690.8	223.1	13.1	1630.73	12145	7.447	134.637	1002.7	224.24	106 85	9.384	1.260	749
15 .	Jeudi . .	12.05.23	19550	529	26.9512 min.	4.453 min.	0.1217	1702.0	230	13.513	1635.22	11802.64 min.	7.218	135.257	976.31	223.40	105.06 min.	9 293	1.287 max.	744
16 .	Vendredi.	12.09.45	19783	548	27.1092	4.522 max.	0.1180	1665.44	202	12.13 min.	1626.04	11919.9	7.330	133.698	980.91	226.86 max.	107.57 max.	9.119 min.	1 243 min.	741
17 .	Samedi .	12.03.55	19601	550	27.0763	4.522	0.1229 max.	1708.24	245.3	14.359 max.	1625.49 min.	12234.98 max.	7.527 max.	134.727	1014.08	220.48	107.22	9.457 max.	1.257	738
[illegible]		72.38.51	118056	3061	162.5040	26.933	0.6993	10182.68	1359.6	79.981	9803.03	72066.62	44.109	809.655	5952.95	1336.53	640.21	55.789	7.589	745 le dimanche
[illegible]s . . .		12.06 28	19676	510,1	27.084	4.489	0.1165	1697.113	226.6	13.33	1633.84	12011.6	7.351	134.942	992.16	222.75	106.70	9.298	1.265	
[illegible] . . .					27.2126	4.522					1648.22	12234 98	7.527			226.86	107.57	9.457	1 287	
[illegible] . . .					26.9512	4.453					1625.49	11802.64	7.203			218.55	105.06	9.119	1.243	
[illegible]rentielles %					0.96%	1.55%					2.8%	3.66%	4.5%			3.8%	2.4%	3.7%	3.54%	

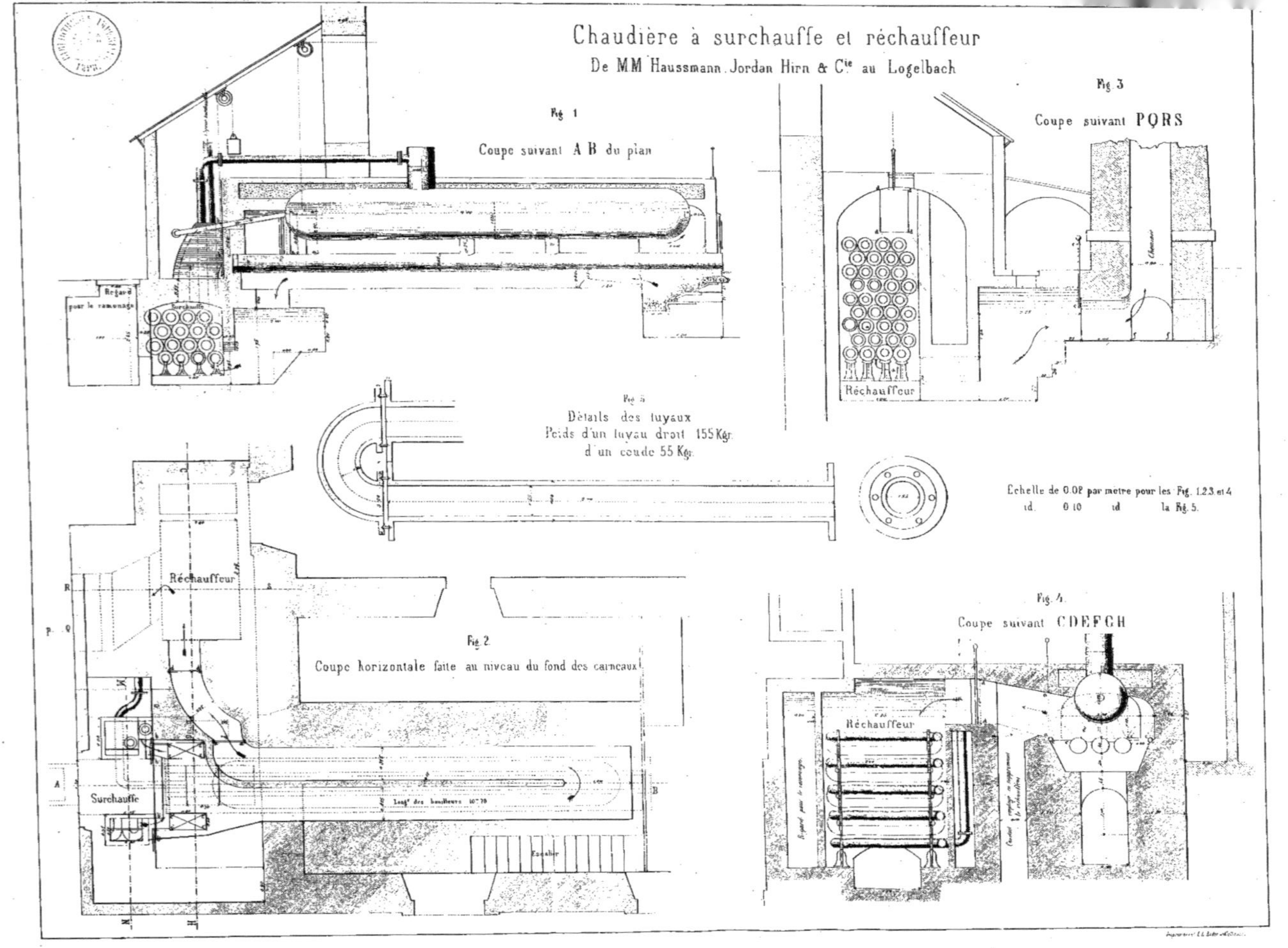

Chaudière à surchauffe et réchauffeur
De MM Haussmann, Jordan Hirn & Cie au Logelbach
Fig. 1
Coupe suivant A B du plan
Regard pour le ramonage
Fig. 3
Coupe suivant PQRS
Réchauffeur
Cheminée
Fig. 5
Détails des tuyaux
Poids d'un tuyau droit 155 Kgr.
d'un coude 55 Kgr.
Echelle de 0.02 par metre pour les Fig. 1.2.3 et 4
id. 0.10 id la Fig. 5.
Réchauffeur
Fig. 2
Coupe horizontale faite au niveau du fond des carneaux
Surchauffe
Escalier
Fig. 4
Coupe suivant CDEFGH
Réchauffeur

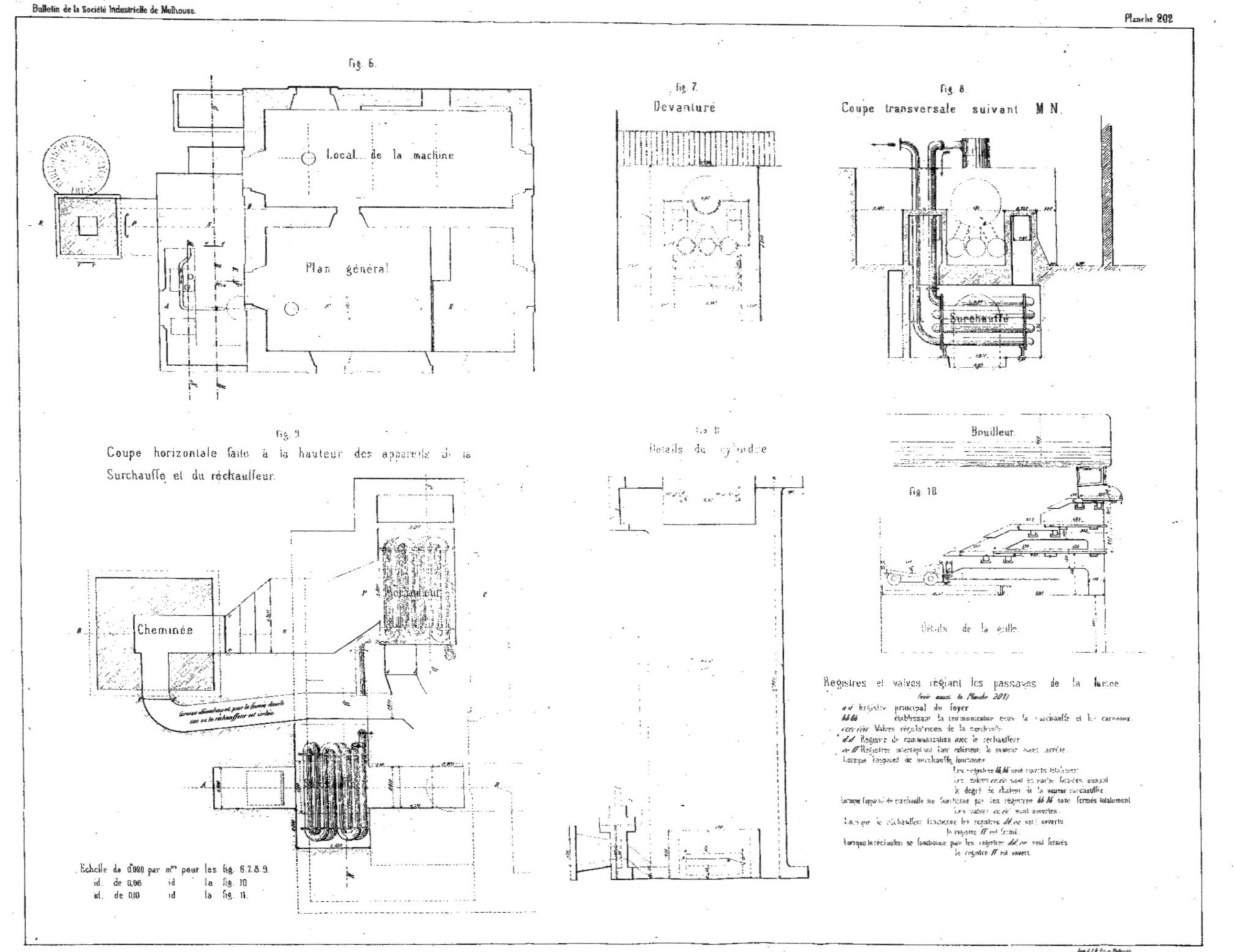
fig. 6.
Local de la machine
Plan général
fig. 7.
Devanture
fig. 8.
Coupe transversale suivant M N.
Surchauffe
fig. 9
Coupe horizontale faite à la hauteur des appareils de la
Surchauffe et du réchauffeur.
Cheminée
Réchauffeur
fig. 11
Détails du cylindre
Bouilleur
fig. 10
Détails de la grille.
Registres et valves réglant les passages de la fumée
(voir aussi la Planche 201)
aa Registre principal du foyer
dd Registre de communication avec le réchauffeur
Lorsque l'appareil de surchauffe fonctionne
le degré de chaleur de la vapeur surchauffée
Lorsque l'appareil de surchauffe ne fonctionne pas les registres bb bb sont fermés totalement
Lorsque le réchauffeur fonctionne les registres dd, ee sont ouverts
le registre ff est fermé.
Lorsque le réchauffeur ne fonctionne pas les registres dd, ee sont fermés
le registre ff est ouvert.
Echelle de 0,080 par m^re pour les fig. 6.7.8.9.
id. de 0,06 id la fig. 10
id. de 0,10 id la fig. 11.

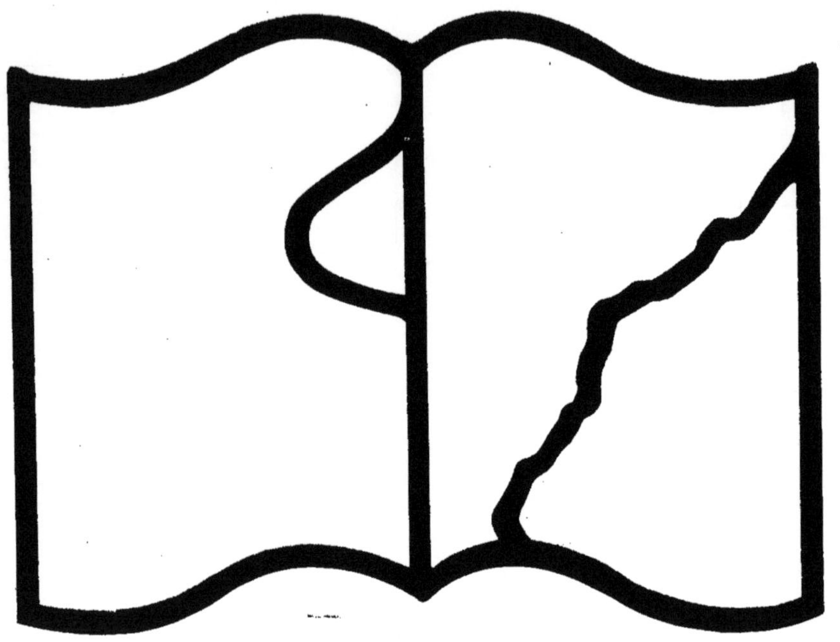

Texte détérioré — reliure défectueuse

NF Z 43-120-11

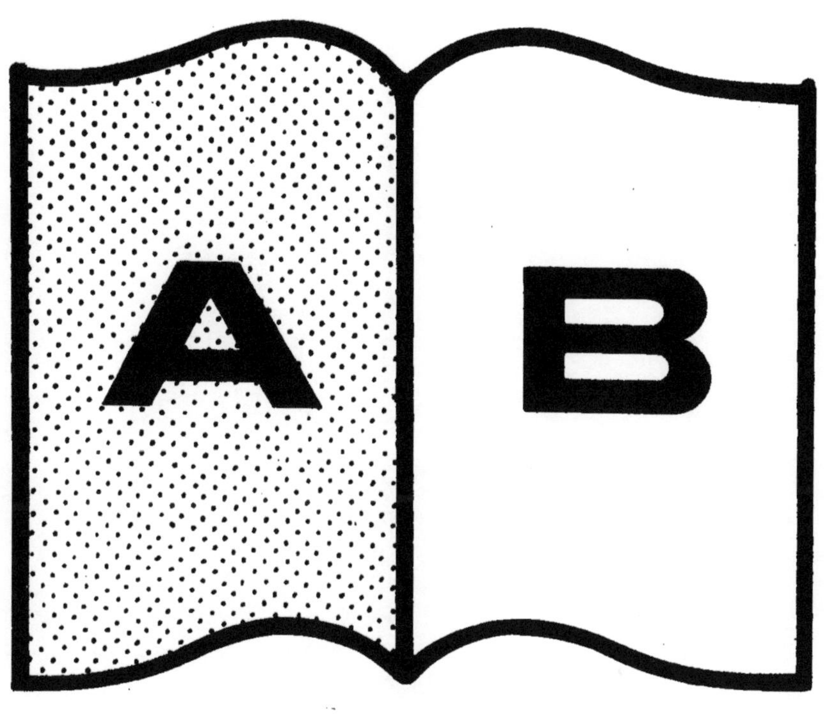

Contraste insuffisant

NF Z 43-120-14

www.ingramcontent.com/pod-product-compliance
Ingram Content Group UK Ltd.
Pitfield, Milton Keynes, MK11 3LW, UK
UKHW020323250726
13967UKWH00004B/1836